THE VIRTUE OF SELFISHNESS

The
Virtue
Of
Selfishness

[美] 安·兰德 著

邵逸 译

自私的德性

国文出版社
·北京·

只 为 优 质 阅 读

好
读

Goodreads

|目|录|

001　　引言

011　　第一章
　　　　生活自身即是目的

049　　第二章
　　　　自私的对立面

063　　第三章
　　　　自私的价值体系

077　　第四章
　　　　拒绝盲目的谦卑

091　　第五章
　　　　人人都是自私的吗

101　　第六章
　　　　在愉悦中体验人生价值

115　　第七章
　　　　自私者从不对自己撒谎

121　第八章
理性的自私

131　第九章
自私的灰色地带

143　第十章
自私者融不进乌合之众

153　第十一章
永不将个人意愿强加于人

163　第十二章
挣脱"集体主义"的枷锁

171　第十三章
政府的适当职能

183　第十四章
自愿政府筹资

193　第十五章
天职是实现个人价值

203　第十六章
摒弃不劳而获

217　第十七章
思想上的自主为最高价值

225　第十八章
背离自私的意愿

|引|言|

这本书的标题可能会引来我偶尔听到的那种质疑："你为何要用'自私'描述人的品德？很多人对这个词感到反感，他们对自私的理解与你所指代的东西截然不同。"

对于提出此类问题的人，我的回答是：这个词令你感到恐惧的原因，正是驱动我使用它的动机。

然而有些人不问这样的问题，仅仅是为了不在道德上显得怯懦，他们对我此举的意图，以及所涉及的复杂道德问题一无所知。我为这类人，准备了更加明确的答复。

这不仅仅是一个语义问题或随意的选择。我们惯常使用"自私"一词时赋予它的意义不仅是错误的，还代表一种以偏概全的思维方式，比任何其他单一元素都更会限制人类道德的发展。

日常被使用时，"自私"一词仿佛是邪恶的同义词，会让人联想到这样的画面：一个利己主义者，为实现自己的目的，只顾满足自己随时可能产生的狭隘欲望。

然而，"自私"一词的准确含义和词典释义可以是这样的：关心人类自身的利益。

此概念不涉及道德评价：未对关心自己的利益是好是坏做出评判，也未说明人的利益具体涵盖哪些内容。

利他主义（altruism）的道德体系，塑造了野蛮人的形象，从而让人们接受两个反人性的理念：一是任何对自身利益的关心都是不道德的，无论具体是什么利益；二是野蛮人的所作所为确实是以维护自身利益为目的的（而利他主义则呼吁人们为了他人摒弃此类行为）。

如果想了解利他主义的本质、后果及其导致的严重的道德沦丧，我建议你去读《阿特拉斯耸耸肩》①——或者现在报纸上的大标题。令我们感到担心的，是利他主义在伦

---

① 《阿特拉斯耸耸肩》是本书作者、俄裔美国作家安·兰德的小说作品，1957年首次出版，被称为"自私圣经"。兰德通过这部作品表达了对人类个体存在和成就的认知，并进而阐述了她对理性、个人主义的支持。——译者注

理理论领域的一家独大的地位。

利他主义将两个伦理问题"混为一谈":一是什么是价值,二是价值的受益人是谁。利他主义用第二个问题替代了第一个问题;未指定道德价值方面的系统规则,导致人缺乏道德引导。

利他主义宣称任何为他人利益而采取的行为都是善的,任何以自身利益为出发点的行为都是恶的。因此,行为的受益人成为道德价值的唯一衡量标准——只要受益人是自己之外的其他人即可。

所以,古往今来,人际关系和人类社会因受到利他主义道德体系的各种变体的影响,充斥着令人不解的道德绑架、长期的正义缺失和难以解决的矛盾。

请审视今日所谓道德评判之不公。因为同样出于"自私"的目的追求财富、创造财富的实业家和抢银行的黑帮成员同样被视为"不道德"。与经过刻骨铭心的奋斗、实现个人目标的年轻人相比,为了赡养父母而放弃自己的事业、一直在杂货店从事卑微工作的年轻人的品德更为高尚。

审视以受益人为评判标准的道德体系会如何影响一

个人的人生，将会即刻意识到，道德体系是他的敌人，不会带来收获，只会一味造成损失。他只能看到自我施加的失去与痛苦。而难以理解的责任，像一片令人憔悴的灰暗乌云一般，罩在他的身上。他可以期望他人，偶尔为了他的利益做出牺牲，就像他不情愿地为他人牺牲自我一样；但他知道这样的关系令人不快，只会让人相互憎恶——道德上，他们对价值的追求，就像是交换不受欢迎、随机选择的圣诞礼物，而双方如果为自己购买同样的礼物，则会被视为道德败坏。除了自我牺牲之外，个人在道德方面无足轻重：道德体系与他毫无交集，在关键的人生命题上，不会给他任何指引；只有他"自私的"私人生活会被视为"不道德的"。

鉴于自然没有赋予人类被动的生存模式，鉴于人类必须通过努力维持自己的生命，宣扬关心自己的利益是不道德的，无异于宣称人类对生存的渴望是不道德的。

然而，正如在实业家和强盗之间画上等号的例子所揭示的，这正是利他主义的内涵。通过创造追求自己的利益的人和通过抢劫追求自己利益的人，在道德上有本质区别。强盗的邪恶不在于他追求自己的利益，而在于他将什么视为自己的利益；不在于追求他所看中的，而在于他看中什么；不在于他渴望生存，而在于他选择以非人的手段生存（见"生活自身即是目的"一章）。

如果我提到的"自私"与这个词一般指代的含义确实不同，这就是利他主义造成的最恶劣的影响：这意味着利他主义否定了自尊、自食其力——用自己的努力维持自己的生命，既不牺牲自己也不牺牲他人——的人的概念。这意味着利他主义只认可将人视为献祭动物和从他人的牺牲中获利的人——受害者和寄生虫——的看法，不认可人与人之间仁爱共处的概念，不认可正义的概念。

如果你想知道，为什么很多人一生都活在愤世嫉俗和满心愧疚的悲惨境遇之中，这就是原因：愤世嫉俗是因为他们不实践，也不接受利他主义伦理；满心愧疚是因为他们不敢拒绝这种伦理。

要反抗这样破坏性极强的不道德理念，就必须推翻其根本前提。要丰富完善人类学和伦理学，就要探讨"自私"这个概念。

第一步就是主张人道德生存的权利，也就是认可人需要道德规范，引导其人生的历程并实现生活目标。

后文中，我的有关"客观主义伦理"的讲话稿，简述了理性伦理的本质和正当性。人需要道德规范的理由显示，伦理的目的是界定人的正确价值和利益，关心自身利益是人道德生存的本质，人必须是其道德行为的受益者。

鉴于人类必须用行动获取或保留一切价值，行为人和受益人之间的任何错位必然导致不公：部分人为他人牺牲，行动的人为没有行动的人牺牲，道德的人为不道德的人牺牲，这样的错位是不正当的，其正当性从未得到证明。

在伦理领域，道德价值的受益人只是一个初步或入门级别的问题。与利他主义声称的不同，它不是伦理的替代品，不是道德价值的评判标准，也不是基本的伦理原则，而是必须构建于一个伦理系统的基本前提之上，并得到伦理系统的基本前提的验证。

客观主义伦理坚持行动者必须是其行为的受益者，人必须为自己的理性自身利益行事。但他这么做的权利，来自其作为人的本质和道德价值在人生中的功能。因此，只有界定和决定个人真正利益的道德原则是理性的、被客观证明和验证过的，这种权利才适用。它不是一张"为所欲为"的许可，不适用于利他主义者眼中"自私的"野蛮人或任何被非理性的情感、感觉、渴望、愿望或冲动所驱动的人。

这是对"尼采式自我主义者"的警告，他们事实上是利他主义伦理的产物，代表着利他主义硬币的另外一面：他们相信任何行为，无论性质如何，只要是为了自身利益，就是好的。正如满足他人非理性的欲望不是道德价值的评判标准，满足个体自己的非理性价值也不是。伦理不是冲动的竞争。（见布兰登先生①的"思想上的自主为最高价值"和"人人都是自私的吗"二章。）

有的人宣称，鉴于人必须以自己的独立判断为指导，只要是他选择的，他采取的任何行动都是道德的，这是另外一种类似的错误。个人的独立评判是其选择行为的手段，不是道德评判标准或一种道德验证：只有参考可证明的原则才能验证个人的选择。

---

① 纳撒尼尔·布兰登（Nathaniel Branden，1930—2014），加拿大裔美国籍心理学家，以其在自尊心理学方面的研究著称。曾是安·兰德的同事和情人，20世纪60年代在推广兰德的哲学——客观主义——方面发挥了重要作用。——译者注

人无法凭借随机手段生存，必须探索实践其生存所需的原则。同样，个人的自身利益，亦不能由盲目的欲望或随机的冲动来决定，而是应该在理性原则的指导下被发现和实现。因此客观主义伦理是理性自身利益——或理性自私——的道德体系。

鉴于自私是"关心自身利益"，客观主义伦理，运用这个概念时取其最精确最纯粹的意义。面对商业竞争，也要维护这个概念，不应让其屈服于无知者和理性缺失者，以及不经思考的误解、歪曲和偏见。探讨"自私"就是攻击个人的自尊，舍弃前者就是舍弃后者。

现在简要介绍一下本书中的文章。除有关伦理的讲稿外，本书收录的文章都曾刊载于《客观主义通讯》（*The Objectivist Newsletter*）——一本思想月刊，由纳撒尼尔·布兰登和我编辑出版。该期刊论述了客观主义哲学在当今文化的各种话题和问题上的运用，更具体地说，其思想关注介于哲学抽象和日常具体新闻之间，以为读者提供一致的哲学参考框架为己任。

本选集不是对伦理的系统讨论，其中收录的文章针对的是如今最需要澄清的或因受到利他主义的影响而最容易混淆的伦理主题。你可能会注意到有些文章的标题是问题的形式，它们来自回答读者提问的"思想弹药库"（Intellectual Ammunition Department）栏目。

安·兰德

纽约，1964年9月

另，纳撒尼尔·布兰登与我、我的哲学以及《客观主义者》（*The Objectivist*，原名《客观主义通讯》）不再相关。

安·兰德

纽约，1970年11月

生活自身即是目的

安·兰德

鉴于今天我讲话的主题是客观主义伦理①，而《阿特拉斯耸耸肩》中的人物约翰·高尔特（John Galt）又是客观主义伦理学的最佳代表，因此我将用他的话开场：

你们的道德规范带来了几个世纪的苦难和灾难，你们大声疾呼你们的规范被破坏了，经受苦难使人类因此受到惩罚，还说人类软弱而自私，不愿浴血捍卫你们的规范。你们谴责人类，谴责存在，谴责这个地球，却从不敢质疑你们的规范。……你们继续叫喊你们的规范是崇高的，但低劣的人性导致其无法被实

---

① 本文为安·兰德1961年2月9日在美国威斯康星州麦迪逊市威斯康星大学以"我们时代的伦理"为题的研讨会上发表的论文。

现。没有人站起来质问：判断善良的标准是什么？

你们想知道约翰·高尔特是谁。我就是问这个问题的人。

是的，这是道德危机的时代。……你们的道德规范已经到了穷途末路。你们如果想继续生存，现在需要的不是回归道德……而是重新发现道德。

什么是道德体系或者伦理？道德体系是指导人类选择和行为的价值规范，其所指导的选择与行为会决定个体的人生目的和轨迹。伦理学，作为一门科学，致力于发现和定义这样的规范。

人类为何需要一套价值规范？找到这个问题的答案是尝试定义、评判或接受任何具体的伦理体系的前提。

请让我再次强调这一点。首要问题不是人类应该接受什么特定的价值规范，而是人类是否、为何需要价值规范。

价值或"善恶"的概念是人类的随机发明——与现实无关、不源于现实、得不到现实的支持，还是建立在形而上的事实、人类存在的一种不可改变的状况之上？（这里的"形而上"指与现实、事物的本质、存在相关。）决定人类要以一套原则为行为指导的，是随意的惯例、无关紧要的习俗，还是现实的需求？伦理是冲动——个人情感、社会法令和神启的领地，还是理智的范畴？伦理是主观的冗余产物，还是客观的必要存在？

在人类伦理糟糕的历史记录中——除了少数不成功的反例——伦理学家将伦理视为冲动，也就是理智缺失的领地。有些人毫不掩饰地刻意表达这种主张，有些人虽未明确表示却早已默认这种看法。"冲动"是一种欲望，感受到这种欲望的人，不知道也无意探寻其产生的原因。

从没有哲学家就人类为何需要一套价值规范这个问题，给出理性的、可客观论证的、科学的答案。只要这个问题没有得到解答，我们就无法找到或定义理性的、科学的、客观的伦理规范。人类最伟大的哲学家亚里士多德，不认为伦理学是一门精确的科学；他通过观察同时代的高贵睿智之士的选择和行为构建自己的伦理体系。但是，亚里士多德忽略了两个问题：一是高贵睿智之士为何做出这样的选择和行为，二是他为何认为这些人高贵睿智。

大多数哲学家认为伦理的存在是理所当然的，将其视为既定现实、历史事实，他们无意尝试探寻伦理存在的形而上的原因或客观证据。据称，很多哲学家尝试打破神秘主义在伦理学领域的传统垄断，以界定理智的、科学的、独立于宗教的道德体系。但他们的尝试是以社会为基础证明伦理存在的正当性，只是将神替换为社会而已。

公开的神秘主义者将随心所欲的、无须解释说明的"神的旨意"视为善恶标准，并用其支持自己的伦理体系。新神秘主义者用"社会的利益"取代了"神的旨意"，因此陷入诸如"对社会有益则为善"之类的循环自证①的逻辑之中。也就是说，我们可以做出这样的逻辑推论："社会"凌驾于一切伦理原则之上——这正是世界的现状——因为它是伦理的源头、标准和准则，因为它的意愿以及任何恰巧对其有益、令其愉悦的事物都等同于"善"。这就意味着社会可以为所欲为，因为凡是社会选择的，都是"善"的。而且，鉴于"社会"只是一定数量的个人，并非一个实体，这就意味着部分人可以毫无道德

---

① 以一种观点证明另一种观点，接着再用后一种观点反过来去证明前一种观点。——译者注

顾忌地按照自己的意愿满足自己的冲动（或实施暴行），而其他人则只能因为道德的约束，为该团体的欲望服务。

这种逻辑无疑是违背理性的。但有些哲学家现在宣称理性无用，伦理超越了理性的极限，人类无法定义理性的伦理，在伦理学领域——在人类对价值、行为、追求和人生目标做出选择时——人必须遵循理性之外的事物的指导。具体遵循什么？信仰、本能、直觉、启示、感觉、品味、欲望、心愿、冲动。现在的哲学家和过去一样，认为伦理的终极标准是冲动（他们将其称为"随机假定""主观选择"或"情感承诺"）。他们争论的内容是应该遵循谁的冲动：个人的、社会的还是上帝的。无论他们还有哪些分歧，今天的伦理学家一致认为伦理是一个主观问题，从而使理性、思想和现实被排除在伦理的领域之外。

如果你想丰富和完善人类文明，就一定要向现代伦理学——以及历史上所有的伦理学提出疑问和挑战。

挑战任何学科都要从头开始。在伦理学领域，我们必须问："什么是价值？人类为何需要价值？"

"价值"是人通过行为获取或保留的事物。"价值"不是一个基本概念，它预设对如下问题的答案：对谁有价值，为什么有价值。它预先假定了一个能够在有其他选择的情况下，通过行动实现目标的个体。如果没有其他选择，目标和价值也就都不存在了。

用高尔特的话说："宇宙最基本的选择只有两个——生存还是毁灭，且只适用于一种实体，那就是生物。无生命物质的存在是无条件的，生命的存在则并非如此：它靠的是一种特定的行为过程。物质无法被消灭，它的形态可以改变，但它的存在不会停止。只有生命的机体才会始终面临生与死的选择。生命是自我维持和亲自创造的行为构成的过程。生命体一旦行动失败，就会死亡；其化学成分仍然存在，但生命不复存在。是'生命'的概念让'价值'的概念得以存在。好与坏只对活着的物体有意义。"

为了清楚地说明这一点，请想象一个永生不朽、不可毁灭的机器人，一个可以移动和行动，而不会被任何事物影响，不会在任何方面被改变，不会损坏、受伤或毁灭的实体。这样的实体无法拥有任何价值；不会得到或失去；无法判断事物对其本身有利还是有害，是有助于实现还是威胁其福利，是帮助还是阻挠其获益。它无法拥有利益和目标。

只有生命体可以拥有目标或产生目标。只有生命体有能力亲自创造以目标为导向的行为。在物质层面上，一切生命体的运作，从最简单的到最复杂的——从单细胞生物变形虫的营养功能到人体的血液循环——都是机体自身产生的行为，都以同一个目的为导向：维持机体的生命。[①]

机体的生命取决于两个因素：它需要从外界——从其所处的物质世界获得物质或能量，以及它的身体的行为合理利用能量。

生存所必需的条件取决于其性质，取决于机体的种类。机体可以有很多变种，通过不同方式适应其所处的环境，如能够以残破、残疾或患病状态暂时存在，如果无法实现其性质所决定的、生存必需的基本功能——如果一只变形虫的原生质停止吸收食物，或一个人的心脏停止跳动——机体就会死亡。从根本上说，静止是生命的对立面。由自我维持的行为构成的持续过程是生命持续的前

---

① 应用于物理现象时，如机体的自动功能，"目的导向"一词不应理解为"有目的的"（此概念仅适用于有意识的机体的行为），也不意味着存在某种无意识运作的、具有目的性的原则。我在此语境中使用"目的导向"一词指代的是以下事实：生物的自动功能是一种行为，它的本质决定了其带来的结果是机体生命的延续。——译者注

提。该行为的目标，存在的每时每刻都必须获得和保有的终极价值是机体的生命。

终极价值是终极目标或目的，一切次要的目标都是手段——终极价值是评判一切次要目标的标准。机体的生命是它的价值标准：延长生命的是善，威胁生命的是恶。

没有终极目标或目的，就没有次要目标或手段：一系列手段朝着不存在的终点永不停歇地进发，从形而上学和认知论的角度看都是不可能的。唯有以自身为目的的终极目标让价值的存在成为可能。从形而上学的角度看，生命是唯一自为目标的现象：是通过不断行动的过程获取并保留的价值。从认识论的角度来看，"价值"的概念从起源上依赖于、衍生于先前已存在的"生命"的概念。脱离"生命"谈"价值"比术语上的矛盾还要糟糕。"没有'生命'的概念，就没有'价值'的概念。"

对于那些声称终极目标或价值和现实之间没有联系的哲学家，我要强调，是生命体的存在和运作让价值观和终极价值的存在成为必要。而对于任何生命体来说，终极价值正是其生命。因此，对价值判断的验证应通过对现实事实的参考来完成。生命体的性质决定其应有的行为。

那么人是如何发现"价值"的概念的呢？他最初是以什么方式意识到最基础的"善恶"问题的呢？通过生理上的"愉悦"和"痛苦"的感觉。正如在认知方面，感觉是人类意识发展的第一阶段，也是评判的第一步。

人感受快感和疼痛是与生俱来的能力，是人的本性的一部分，是人这种实体的一部分。对此他别无选择。让他感受生理上的愉快和痛苦的标准是什么，他对此也没有选择。那么标准是什么？是他的生命。

人体和所有有意识能力的生物的身体感到快感和疼痛的机制是有机体的生命的自动守护者。生理上的快感表明机体目前的行动方向是正确的。生理上的疼痛是对危险的警告，表明机体的行动方向是错误的，其身体的正常运作受到了损害，须立刻采取行动纠正。为数不多的、奇特的生来就不具备痛觉的孩子的经历是这一点最好的例证。这样的孩子难以长期生存。他们无法发现可能会对自己造成伤害的事物，因此轻微的割伤可能发展成致命的感染。患上重大疾病他们也浑然不知，发现时则为时已晚。

意识——对于拥有意识能力的生物体来说，是生存的基本手段。

更简单的机体，如植物，能够通过其自动的生理功能生存。高等机体，如动物和人类则不能：他们的需求更复杂，行为更多样。其身体的生理功能只能自动执行利用能量的任务，但无法获取能量。为获取能量，高等机体需要意识能力。植物可以从其生长的土壤中获取营养，动物必须觅食，人必须生产食物。

植物无法改变自己的行为：它追求的目标是自动和天生的，由其天性决定。养分、水和阳光是天性驱使其寻求的价值。生命是指导其行为的价值标准。它在物理环境中遭遇的情况是有变数的——如高温或霜冻、干旱或洪涝——它可以采取某些行动来应对不利条件，如有些植物为了获取光照能够从石头下爬出。

高等机体生存所需的行为的范畴更宽广：与其意识范围成正比。有意识的物种中相对低级的机体只有足以指导其行为和满足其需求的感觉能力。感觉是感觉器官对外界刺激做出的自动反应；只持续相应的时间，外界刺激消失则不复存在。感觉是自动反应，一种自动的知识，意识无法寻求或逃避感觉。仅有感觉能力的机体以其身体的快感疼痛机制为指导，也就是说：遵循自动的知识和自动的价值规范。生命是指导其行为的价值标准。在可能采取的行动的范围内，它自动采取延长生命的行动。

高等机体拥有更强大的意识：拥有保留感觉的能力，也就是感知能力。"感知"是生物体的大脑自动保留和整合的一组感觉，让其在单个刺激之外，能够感知到多个实体、多个事物。在即刻感觉之外，指导动物的还有感知对象。其行为不是对单一独立刺激的单一独立反应，而是遵循对其面对的感知现实的综合认识。它可以捕捉到即时在场的感知实体，建立自动的感知联系，但仅此而已。它可以学习应对具体情况的一些技能，如捕猎或躲藏。高等动物会将这些技能教给其后代。但动物无法选择它们习得的知识和技能，只能一代代地不断重复。动物无法选择指导其行为的价值标准：其感官为其提供了自动的价值规范，其评判好坏、判断某事物对其生命的利害的知识是天生的。动物无法扩充或回避它的知识。一旦遇到知识不足的情况，动物就会死亡。比如，站在铁轨上一动不动，即将被高速驶来的列车撞上的动物。但只要生命没有结束，动物就依据其拥有的知识行动，其行为因自动而稳定，但动物没有选择的能力：它不能中断自己的意识，不能选择不感知，不能逃避自己的感知，不能无视自己的利益。

人类——人类意识获取知识的能力是无限的——是唯一生来不能保证一直有意识的生物。人类的意识是自愿的。

正如指导植物体运作的自动价值可以满足植物生存的需要，却无法保证动物的生存一样——动物意识的感觉感知机制提供的默认价值足以指导动物的行为，却不足以指导人类。人类的行为和生存需要概念知识衍生出的概念价值的指导。但概念知识是无法自动习得的。

"概念"是对两个或多个感知实体的思想整合。这些实体通过抽象化的过程被分离出来，根据某个特定的定义被集合在一起。人类语言的每一个词，除了专有名称，都代表一个概念，一个代表无数某种实体的抽象概念。通过将感知素材组织成概念，并不断对概念进行扩充，人类能够获取、保留、识别和整合无限量的知识，超越对任意转瞬即逝的瞬间的即时感知。人类的感觉器官自动运作；人类的大脑自动将感觉数据整合成感知；但将感知整合成概念的过程——抽象和概念构建的过程——不是自动的。

　　概念构建的过程不仅仅包括理解少量简单的抽象概念，如"椅子""桌子""热""冷"，以及学会说话。其包含个人对其意识的运用，"使概念化"一词最为贴切。概念构建不是记录随机印象的被动状态，而是个体积极维持的过程，包含从概念的角度识别个人印象，将所有事件和观察整合进概念的体系，在个人的感知素材中寻找关系、区别和相似并将其抽象成新概念，进行推断，做出推理，得出结论，提出新问题、发现新答案和不断扩充自己的知识。指导这一过程的能力、以概念为工具的能力是理性，该过程是思考。

　　理性是识别和整合人类感官提供的素材的能力，是人类必须主动运用的能力。思考不是自动进行的活动。在人生的任意时刻，针对人生的任意问题，人类都有进行思考或逃避思考的自由。思考需要意识清醒的专注状态。集中个人意识的行为是自愿的。人类可以集中精神，不遗余力地、积极地、有针对性地感知现实，也可以刻意不专注，让自己以半清醒的恍惚状态随波逐流，仅对瞬间偶然发生的刺激做出反应，完全受没有方向的感觉感知机制和该机制可能建立的任意随机关联的支配。

人类意识不专注时，鉴于他依然具备感觉和感知体验，可以说其意识状态是亚人类的。但是用这个词形容人类时，其指代的是对现实有清醒认识、能够应对现实的意识，能够指导人类行为、维持其生命的意识。如果取这层含义，不专注的头脑就是无意识的。

从心理学角度看，"思考或不思考"的选择是"专注或不专注"的选择。从存在主义角度看，"专注或不专注"的选择是"有意识或无意识"的选择。从形而上角度看，"有意识或无意识"的选择就是生或死的选择。

意识——对于拥有意识的生物来说——是基本的生存手段。对于人类来说，基本的生存手段是理性。人类无法像动物一样仅凭感知生存。饥饿的感觉会让人意识到自己需要食物（如果他能够察觉出这种感觉是"饥饿"），但不会告诉他如何获取食物，也不会教他如何分辨什么食物是好的，什么食物有毒。他无法不经思考就满足自己最基本的生理需要。他必须经历思考的过程以学会如何生产食物或如何制造打猎的武器。他的感知可能会驱使他寻找洞穴，如果能找到的话。但哪怕是建造最简单的住所，他都必须经历思考的过程。感知和"本能"不会教他如何生火，如何织布，如何锻造工具，如何制造车轮，如何生产飞机，如何做阑尾切除手术或生产电灯泡、电子管、回旋加速器①或一盒火柴。然而他的生命依赖于这些知识。只有自愿运用意识，经历思考的过程，才能获取这些知识。

但人类的责任不仅限于此：思考的过程不是自动的、本能的或不由自主的——亦不是万无一失的。人类必须开始思考，维持思考并为其造成的结果负责。人必须学会如何分辨真假、改正自己的错误；必须学会如何验证自己的概念、结论和知识；必须发现思考的规则、逻辑规律，以指导自己的思维。自然不自动保证其思维活动的有效性。

地球上的人类所被赋予的只有一种潜力和可用于实现潜力的素材。这种潜力是一台最高级的机器：人类意识。但这台机器没有火花塞，只有个人意志能成为它的火花塞、启动器和操作者。人必须学习如何使用这台机器并维持其运转。物质就是宇宙中的一切，对于人能够获得多少知识以及人能够得到多大的生活享受，都没有设下任何

———————

① 使用电场和磁场使原子或电子运动更快的机器。——译者注

限制。但人必须自己学习、发现、制造其需要或渴望的事物——依据自己的意愿，凭借自己的努力和思考。

不具备分辨真假的本能的生物无法自动分辨对错和利害。然而这些知识是他生存的前提。他同样受制于现实规律，是具有特定性质的特定生物，需要采取特定行动以维持自己的生命。他无法依赖随意的手段、胡乱的行为、盲目的欲望、运气或冲动生存。本性决定了他生存所必需的条件，对此他别无选择。他能够选择的是，是否探索自己生存的条件，以及是否选择正确的目标和价值。他可以自由做出错误的选择，但无法因此取得成功。他可以自由逃避现实、不集中自己的思想、浑浑噩噩地顺着自己选择的道路走下去，但无法避开自己拒绝看到的深渊。对于有意识的机体来说，知识是生存的手段；对有意识的生物来说，"天性"的每一方面都暗含着某种"应有的行为"。人类可以自由选择不运用意识，但无法逃脱无意识的惩罚：毁灭。

那么，什么是人应该追求的正确目标呢？人的生存需要什么样的价值呢？这就是伦理学要回答的问题。而这，女士们先生们，就是人类需要伦理规范的原因。有些学说宣称伦理是理性缺失的领域，理性不能指导人生，人类的目标应该由投票或冲动决定——伦理与现实、存在及个人的实际行为和关注点无关——或伦理作用于死后，死人，而非活人，才需要伦理，现在你可以评估此类学说的意义了。

伦理不是神秘主义幻想，不是社会惯例，不是可有可无的、一旦遭遇紧急情况就会被替换或舍弃的主观冗余产物。伦理是人类生存所必需的、客观的、形而上的存在——不是超自然力量、你的邻居或你的冲动所赋予的，而是源自现实和生命的本质。

引用高尔特的话语："人被称为理性动物，但理性是可以选择的，其本性为他提供的选项是：做理性的人或自取灭亡的动物。人必须主动选择作为人生存，必须主动选择将自己的生命视为价值，必须主动选择学习维持自己的生命，必须主动选择发现其生命需要的价值并实践美德。人主动选择接受的价值规范就是伦理规范。"

客观主义伦理的价值标准——个体判断善恶的标准——是人的生命，或者说：什么是作为人生存所必需的。

鉴于理性是人类生存的基本手段，适合理性个体生命的便是善；否认、反对、毁灭它的便是恶。

鉴于人类必须凭借自己的思想发现，通过自己的努力创造自己所需要的一切，适合理性个体生存的两个基本手段分别是：思考和创造。

如果部分人选择不思考，选择像受过训练的动物一样，通过模仿和重复从别处学到的声音和动作的套路生存，从不努力尝试理解自己的行为，他们之所以能够生存，是因为有其他人选择思考，选择尝试理解自己重复的行为。这些思想寄生虫的生存取决于盲目的巧合；他们漫无目的的头脑无法判断模仿谁、重复谁的行为是安全的。他们跟着任何承诺承担他们所逃避的责任——运用意识的责任——的毁灭者，走向深渊。

有一部分人试图通过欺骗、掠夺、作弊或奴役从事创造的人而生存，他们的生存是建立在他们的受害者——选择思考、创造被掠夺者抢走的物品的人——之上的。这些掠夺者是没有生存能力的寄生虫，他们通过毁灭他人——有生存能力、采取适合人类的行动的人——而生存。

尝试通过暴力而不是理性生存的人类是在尝试用动物的手段生存。但正如动物无法凭借植物的手段——不移动，等待土壤赋予其养料——生存一样，人类也无法凭借动物的手段——拒绝理性，指望有创造力的人成为其猎物——生存。这样的掠夺者或许能够暂时实现目标，但他们的行为是以毁灭为代价的——对受害者和自我的毁灭。所有罪犯和独裁统治均证明了这一点。

人类无法像动物一样通过对当下时刻做出反应生存。动物的生命包含一系列相互独立、不断重复的循环，如哺育幼崽的循环，或为冬天存储食物的循环；动物的意识无法整合其整个生命周期，只能持续一段时间，随后动物会重新开始与过去毫无联系的全新周期。人类的生命是一个连续的整体：无论是好是坏，个人人生中的每一天、每一年和每个十年都连接着他过去所有经历的总和。他可以改变自己的选择，可以调整自己的行进方向，甚至可以在很多情况下，弥补过去造成的后果，但他无法逃避过去。如果他想要生存，如果他的行为不是以自我毁灭为目标的，他就必须以一生为背景和周期选择自己的道路、目标、价值。感觉、感知、欲望或"本能"都做不到这一点，只有思想能做到。

这就是"作为人生存所必需的"的定义的含义。它指的不是暂时的或仅是生理上的生存。因为一个没头脑的野蛮人的暂时的、生理上的生存，他的头盖骨或许很快就会被另一个野蛮人敲碎。如果为了所谓的"不惜一切代价生存下去"，那这么做可能可以生存一年，也可能只能生存一周，因为那只是愿意接受一切条件、服从任何无赖、放弃所有价值的爬行的肌肉集合体的暂时的、生理上的生存。"作为人生存所必需的"指的是理性个体在生命全过程中包括生存所必需的条款、方法、条件和目标，其可选择的存在的所有方面。

人类只能作为人类生存。他可以抛弃自己生存的手段，自己的思想，可以将自己变成低人一等的生物，可以将自己的生命变成痛苦的短暂历程——正如他的身体被疾病所累而陷入暂时的虚弱状态一样。但他作为次等人，只能获得次等人可以得到的东西。人类必须选择为人——教他如何作为人类生活是伦理的任务。

客观主义伦理将人类生命视为价值标准，认为个人生命是每个个体的伦理目的。

此处"标准"和"目的"的区别是："标准"是一种抽象原则，可作为测量工具或量规，指导人类为实现具体特定目的做出选择。"作为人生存所必需的"是适用于每个人类个体的抽象原则。运用该原则实现具体特定目的的任务——过适合理性个体的生活的目的——属于每一个人类个体，他必须过的人生是他自己的。

人类必须根据适合人的标准选择自己的行为、价值和目标——以达成、维持、实现、享受终极价值，那个自身即为目的的价值，也就是他自己的生命。

价值是个体通过行动获取或保留的东西，美德是获取和/或保留价值的行动。客观主义伦理的三大价值共同构成通往个体终极价值、生命的路径和对终极价值的实现，那就是：理性、目的、自尊；与它们对应的三大美德是：理智、创造和自豪。创造是理性人类人生的中心目的，是整合和决定其他价值的等级的中心价值。理性是源头，是创造的先决条件。自豪是结果。

理智是人类的基本美德，是所有美德的源头。人类的罪恶，邪恶的源头，是其思想的不专注、意识的中断；不是看不见，而是拒绝看；不是无知，而是拒绝了解。不运用理性就是摒弃人类的生存手段，因此，也就是投身盲目毁灭，反思想、反生命的进程。

理智的美德指认可和接受理智是知识的唯一来源，是个体价值的唯一评判和行动的唯一指导，是在一切问题上、一切选择中，在每个清醒的时刻，都全力以赴地营造完全清醒的意识状态，维持思想的完全专注；是致力于在力所能及的范围内建立对现实最完全的感知，不断积极地拓展个人感知，即知识；是认可自身存在的现实，即个体所有目标、价值和行为都发生在现实之中，因此个体不应将任何价值和想法，置于其对现实的感知之上的原则；是认可个体所有的看法、价值、目标、欲望和行为都必须以思考过程为基础，生发自思考过程，被思考过程所选择和验证的原则——该思考过程是个体力所能及的范围内最为精确和审慎的，以最严格的逻辑运用为指导；是接受建立自己的判断、依据自己的思想成果生活（独立的美德）的责任。理智的美德意味着个体不应因他人的看法或愿望而牺牲自己的信念（正直的美德）；个体不应尝试以任何方式虚构现实（诚实的美德）；个体无论在物质上还是精神上，不应寻求或给予不劳而获的和不应得的（正义的美德）。它也意味着个体不应期望坐享其成，如不能承担责任则不应开始行动；不应像僵尸一样行动，即对自己的目的和动机一知半解；不应在脱离背景，即脱离或违反个体知识的综合完整的总和的情况下做出决定、构建看法或寻求价值，尤其不应逃避矛盾。理智的美德还意味着摒弃神秘主义，即摒弃任何主张知识的源头是非感性、非理性、无法说明或超自然的看法。理智的美德是对理性的坚持，不是偶尔集中运用理性或仅将其运用于部分问题或特定的紧急情况，而是将理性视为永久的生活方式。

创造的美德是认可创造性工作是人类思想维持人类生命的过程，是让人类无须像所有动物一样适应环境的过程，是赋予人类改造环境能力的过程。创造性工作是通往人类无限成就的道路，需要人类运用其所具备的最高级的能力——创造能力、远大志向、坚持主见、拒绝逆来顺受地承受灾难，以及努力实现依据自己的价值图景改造世界的目标。"创造性工作"不是指不专注地完成某些工作的动作，而是指在任何理性努力中，无论规模大小、所需能力的高低，有意识地选择追寻一项创造事业。与伦理相关的并不是个人能力的高低或其工作的规模，而是个体对其思想最充分、最具目的性的运用。

自豪就是承认"人必须创造维持生命所需的物质价值，也必须获取让其生命值得维持的人格价值，人是自造财富的生物，也是自造灵魂的生物"①。"道德抱负"（moral ambitiousness）一词是对自豪的美德的最佳形容。它指的是个人必须达成个人的道德完美状态，才有资格将自身视为最高价值——为此个人必须拒绝接受任何无法实践的、不理智的美德，拒绝接受无过受责；不做亏心事，或者如果已经做了，及时弥补；不被动接受个人人格的任何弱点；不将任何担心、愿望、恐惧和暂时的情绪置于自己的自尊之上。最重要的是，自豪意味着绝不当献祭动物，拒绝任何声称自我毁灭是一种道德美德或责任的学说。

　　客观主义伦理的基本社会原则是：正如生命自身就是目的，因此每个活着的人都是以自身为目的的，不是实现他人目的或利益的手段——因此，人必须为自己而活，既不能为他人而牺牲自己，也不能为自己而牺牲他人。为自己而活意味着实现自己的幸福是人的最高的道德目标。

---

① 引自《阿特拉斯耸耸肩》。

用心理学的语言来说，人的生存问题在其意识中不是"生与死"的问题，而是"幸福与痛苦"的问题。幸福是人生的成功状态，痛苦是失败和死亡的警告信号。正如人体的快感和疼痛机制是人体获益或受伤的自动指标，人所面对的基本选择，生与死的计量器——因此人类意识的情感机制旨在实现相同的功能，通过两种基本的情感，快乐和痛苦，对同样的选择进行计量。情感是人类潜意识整合其价值评判后自动生成的结果；是对什么维护个人价值，什么威胁个人价值，什么对个人有利，什么对个人有害的评估，是快速算出得失总额的计算器。

不过，尽管掌管人体快感和疼痛机制的价值标准是自动的、天生的、由人体的天性决定的，但掌管人情感机制的价值标准却并非如此。人类没有与生俱来的知识，就没有与生俱来的价值；人类没有天生的看法，也就没有天生的价值评判。

正如人类生来就有感知机制，人类生来也有情感机制；但是出生时，两者都是"一张白纸"。决定两者内容的是人的认知能力、人的思想。人类的情感机制就像计算机，思想必须为其提供程序，而程序是由他的思想选择的价值构成的。

但是鉴于人类思想不是自动工作的，他的价值和他所有的前提，均是他思考或逃避的产物：人类通过有意识的思考过程，选择自己的价值，或因潜意识的联系、信仰、他人的权威、某种形式的潜移默化或盲目模仿而接受某些价值。情感来自人类有意识或潜意识地、明确或隐晦地持有的前提。

人类无法改变自己能够感觉到某事对自己有利或有害的能力，但在他看来什么是善、什么是恶，什么让他快乐、什么让他痛苦，以及他喜欢什么、讨厌什么，渴望什么、惧怕什么，都取决于他的价值标准。如果选择非理性的价值，他就将情感机制从自己的守护者变成了毁灭者。非理性的事物往往是违背现实的；愿望无法改变现实，却可以毁掉许愿者。如果一个人渴望并追求矛盾——如果他希望吃掉蛋糕又不失去蛋糕——就会导致意识的崩溃；将自己的内心世界变成内战的战场，盲目的势力在其中进行黑暗的、莫名其妙的、毫无意义的角力（顺便一提，这正是如今很多人心理状态的真实写照）。

幸福是个人价值实现后的意识状态。如果一个人重视创造性工作，他的快乐就可以以他在维持生命方面所取得的成功来衡量。如果一个人像施虐狂一样重视毁灭，像受虐狂一样重视自我折磨，像神秘主义者一样重视身后之事，像开改装车飙车的人一样重视无脑的"刺激"，他所谓的快乐是他在自我毁灭方面所取得的成功。必须补充说明的是，这些非理性主义者的情感状态称不上幸福甚至是快感：只是长期处于恐惧状态的他们得到的片刻解脱。

追求非理性的冲动既不能维持生命，也不能获取快乐。为了维持生命，人类可以自由尝试任何随机的手段，如做寄生虫、乞丐或强盗，却无法以此取得超越即刻的长远成功；同样，人类可以自由尝试在任何非理性欺骗、冲动、妄想和对现实的盲目逃避中寻找快乐，但也无法以此取得超越即刻的长远成功，亦不能逃避后果。

用高尔特的话说："幸福是一种没有矛盾的快乐状态——不涉及惩罚或愧疚的快乐，不与人的任何价值冲突、不导致人的自我毁灭的快乐……只有理性的人，只渴望实现理性目标、只追寻理性价值、只从理性行为中获得快乐的人，才能获得幸福。"

维持生命和追求幸福不是两个独立的问题。将自己的生命视为终极价值和将自己的幸福视为终极目的，是相同成就的两个方面。从存在主义的角度来说，追求理性目标的活动是维持生命的活动；从心理学角度来说，其结果、奖赏及其他伴随物，是一种幸福的情感状态。个人在某个时刻、某一年或生命的整个过程中体验幸福，度过一生。当个人体验到自为目的的纯粹快乐——可能会让人产生"值得为此而活"的想法——个人用情感的语言所接受和肯定的是以生命自为目的的形而上的事实。

但是因果关系不能颠倒。只有接受"人类生命"是个人的终极价值并追求其所需的理性价值，个人才能实现幸福——将"幸福"视为某种无法定义的、不可减损的首要道德因素，并尝试在其指导下生活是不可行的。如果用理性价值标准判断你的行为是好的，它就会让你感到快乐；但根据某些无法定义的情感标准判断让你感到快乐的行为不一定是好的。以"只要让我快乐就行"为指导意味着以情感冲动为唯一的指导。情感不是认知的工具；以冲动为指导——以来源、性质和意义都不明确的欲望为指导——就是将自己变成盲目的、被不可知的恶魔（个人长期的逃避）所操纵的机器人。这个机器人思想停滞，拒绝直视现实，被现实撞得头破血流。

这就是享乐主义——伦理享乐主义的一切变种，个人的或社会的享乐主义，个体的或集体的享乐主义——内在的谬误。"幸福"可以是伦理的目的，但不是标准。伦理的任务是定义适当的人类价值准则并赋予其实现幸福的手段。像伦理享乐主义者一样宣称"凡是给人快感的就是适当的价值"意味着"人恰好重视的价值就是适当的价值"——这是思想上和哲学上的弃权，这样的行为仅仅体现了伦理的徒劳，并鼓励所有人为所欲为。

试图设计一套所谓的理性伦理准则的哲学家让人类不得不选择冲动：追求个人冲动的"自私"行为（如尼采的伦理）或服务他人冲动的"无私"行为（如边沁、穆勒、孔德和所有社会享乐主义者的伦理，无论他们是允许个人将自己的冲动计入无数人冲动的总和，还是建议个人成为完全无私的、渴望被他人吃掉的"什穆"[①]）。

当某种"欲望"，无论其性质或源起，被视为首要道

[①] 什穆是美国漫画家阿尔·卡普（Al Capp）创作的虚构卡通人物，喜欢被人吃掉。——译者注

德因素，满足某种或所有欲望被视为道德目标（如"最多人的最大幸福"），人类就只能相互厌恶、恐惧和斗争，因为他们的欲望和利益一定会相互冲突。如果以"欲望"为伦理标准，一个人创造的欲望和另一个人抢劫前者的欲望，具有同等的伦理正当性；一个人对自由的渴望和另一个人奴役前者的渴望，具有同等的伦理正当性；一个人希望凭借自己的美德，被人爱戴和欣赏的渴望和另一个人对不应得的爱和不劳而获的欣赏的渴望，具有同等的伦理正当性。如果任何欲望的落空都构成牺牲，因遭遇抢劫失去自己汽车的人牺牲了，但"想要"获得汽车却被汽车主人拒绝的人，亦是如此——两种"牺牲"具有同等的伦理地位。如果这样，人要么抢劫，要么被抢；要么毁灭，要么被毁灭；要么为自己的欲望牺牲他人，要么为他人的欲望牺牲自己——那么人类面对的道德选择就只有施虐和受虐两个选项。

所有享乐主义和利他主义学说的自相残杀伦理（moral cannibalism）是建立在一人的幸福会导致另一人受到伤害的前提之上的。

如今，很多人认为该前提是不容置疑的、绝对正确的。说到人为自己、为自己的理性利益而存在的权利时，很多人都会自动假设这意味着牺牲他人的权利。这样的假设表明他们相信伤害、奴役、抢劫或谋杀他人是对其自身有益的，而个人必须无私地舍弃自己的利益。

客观主义伦理骄傲地拥护和支持理性自私（rational selfishness）——也就是，作为人生存所必需的和人类生存必需的价值，不是源自非理性的野蛮人的欲望、情感、志向、感觉、冲动和需求的价值。这种人还停留在活人献祭的原始时代，尚未进入工业社会。在他们看来自身利益就是抓住眼前的掠夺品。

客观主义伦理相信，人类无须通过活人献祭或一人为另一人做出牺牲来实现人类利益。人类的理性利益不是相互冲突的。只要不渴望不劳而获，不牺牲也不接受他人的牺牲，以交易者的身份与他人交换价值，不同人类个体的利益就不会相互冲突。

交易的原则是一切人类关系——个人与社会关系、私人和公共关系、精神和物质关系——唯一的理性伦理原则，是正义的原则。

交易者所得到的一切都是自己赚来的，不随意施舍也不会不劳而获。在他眼中，他人不是主人或奴隶，而是独立的平等个体。他与他人进行自由、自愿、非强制的、不强迫的交换——双方经过独立评判均认为该交易对自己是有益的。在交易者看来，能让自己受益的是自己做出的成绩，而非天生的属性。他不将自己的失败转嫁给他人，也不用自己的生命弥补他人的失败。

在精神方面（"精神"指"与人的意识有关"），交换的货币或媒介是不同的，但原则不变。爱情、友情、尊重、钦佩是个体对他人的美德做出的反应，是个体为换取从他人人格的美德中获得的个人化的、自私的快感所付出的精神报酬。只有野蛮人和利他主义者会声称欣赏他人的美德是一种无私的行为——他们认为只要涉及个人自私的利益和快感，与天才交往和与白痴交往没有区别，和理想女性结婚与迎娶荡妇没有区别。在精神方面，交易者凭借自己的美德，而不是弱点或缺陷追寻爱，因他人的美德，而不是弱点或缺陷给予爱。

爱就是价值。只有理性自尊的人有爱的能力，因为只有这样的个体能够坚持稳固的、一贯的价值，不妥协，不背叛。不认可自身价值的人，无法认可其他事物或个体的价值。

只有在理性自尊的基础上——在公正的基础上——人类才能在自由、和平、繁荣、博爱和理性的社会中共存。

身处人类社会的个体能从中获得个人利益吗？能，如果他所处的确实是人类社会。个体从社会存在中获取的两大价值是：知识和交易。人类是唯一可以在世代之间传递和扩展其知识储备的物种；个体在其一生中亲自积累的知识和其能够获取的潜在知识总量相比可谓微不足道；每个人都从他人发现的知识中受益匪浅。第二大价值是劳动分工：让个体得以专注于某个领域的工作，与专注于其他领域的个体进行交换。与个人在荒岛或自给自足的农场独立生产自己所需的一切相比，这样的合作形式使所有参与者都能从自己的努力中获得更多的知识、技能和生产回报。

但这样的收益说明、界定和定义了什么样的个体在什么样的社会中对彼此有价值：必须是理性的、有创造力的、独立的人在理性的、有创造活动的社会中。寄生虫、乞丐、强盗、野蛮人和无赖对个体没有价值——在适应他们的需求和要求、保护他们的社会中，如果这个社会把真正的人当作被牺牲的动物，因美德而受到惩罚，也就是，以利他主义伦理为基础的社会中，个体也不会获得任何好处。如果个体必须放弃对自己生命的权利，任何社会对人类生命都没有价值。

客观主义伦理的基本政治原则是：任何人不得对他人使用武力。任何人——任何组织和个人——都无权对他人发起暴力攻击。只有在反抗暴力时人才有权对发起暴力行为的人使用武力。相关的伦理原理简单明了：谋杀和自卫是有区别的。

此刻的讨论不能脱离伦理的主题。我展示了我的系统的最基础的要点，但它们足以表明客观主义伦理如何构成生命的伦理，与之相对的是神秘主义伦理、社会伦理和主观伦理构成的三大主流伦理理论学派。正是它们造成了世界的现状，标志着伦理的死亡。

三大学派仅在方法上有所不同，在内容上是一致的。在内容方面，它们都不过是利他主义的变种。这种伦理理论将人视为献祭动物，认为人无权为自己存在，认为为他人服务是个体存在的唯一正当理由，认为自我牺牲是人的终极道德责任、美德和价值。唯一的区别是谁为谁牺牲的问题。利他主义将死亡视为终极目标和价值标准——按此逻辑推断，放弃、放任、自我否认和包括自我毁灭在内的其他一切形式的痛苦都是其拥护的美德。从逻辑上讲，利他主义的实践者已经实现并正在实现的也仅限于此。

这三大伦理理论学派无论在内容上还是研究方法上都是反生命的。

神秘主义伦理理论的明确前提是人类的伦理价值标准：根据另一个超自然维度的法则或要求为个体身后之事设定的，人类无法实践这样的伦理，它不适合人类在地球上的人生并与之对立，而人类必须用一生为未能实践根本无法实践的伦理承担责任、赎罪受苦。黑暗时代①和中世纪就是这种伦理理论存在的真实写照。

社会伦理理论将神替换为"社会"——而且尽管其宣称其主要关注的是地球上的生命，但这指的不是人类生命，不是个体生命，而是一个无形整体，集体的生命。对于个体来说，该集体包括除他自己之外的其他人。对于个人来说，他的伦理责任是成为为满足他人提出的任何需求、主张和要求而存在的、无私的、没有发言权的、没有权利的奴隶。

---

① 欧洲历史上从西罗马帝国灭亡至 10 世纪的时期。——译者注

主观主义伦理理论，从严格意义上说，不仅是一种理论，还是一种对伦理的否定；是对现实的否定，不仅否定了人类的存在，还否定了一切的存在。只有在不断变化的、可塑的、不确定的、赫拉克利特[①]式的宇宙中，个体才能相信或宣扬人类不需要客观的行动原则，现实给予了人类一张空白的支票——让他自己随意选择善恶标准，认为人类的冲动是可靠的伦理标准，唯一的问题就是如何逃避后果。我们的文化目前的状态正是这种理论的真实写照。

造成现在威胁毁灭文明世界的崩坏的并不是人类的不道德，而是人类被要求实践的伦理。应该承担责任的是利他主义哲学家们。他们没有理由因自己的成功所带来的局面感到震惊，无权谴责人性：人类服从了他们并彻底实现了他们的伦理理想。

是哲学设定了人类的目标，决定了人类的路线，如今能够拯救这一切的也只有哲学。

---

① 赫拉克利特（Heraclitus，约前535—前475），古希腊哲学家，认为万物是永远变动的。——译者注

自私的对立面

纳撒尼尔·布兰登

心理健康——生物学上精神的正常运作——和身体健康一样，都以人类的生存和福利为标准。运作方式能够赋予人类支持和维持自身生命所需的控制现实的能力。

这种控制的标志是自尊。自尊是精神完全归依理性的结果、表现和报偿。理性，识别、整合感官提供的素材的能力，是人类生存的基本工具。坚持理性就是维持思想完全专注的状态，坚持不断扩展自己的理解和知识，坚持行动必须与信仰一致的原则，坚持决不伪造现实或将任何考虑置于现实之上，不接受矛盾——任何时候不得企图颠覆或破坏意识的正常运作。

意识的正常运作是指感知、认知和行为控制。

健康的意识是舒畅的、整体的、理性的。阻塞的意识，逃避的意识，被矛盾撕裂、分裂的意识，被恐惧分化、因抑郁而停滞的意识，与现实脱节的意识是不健康的。［关于此问题的详细探讨请见我的作品《安·兰德是谁？》（*Who Is Ayn Rand?*）中名为"客观主义和心理"（Objectivism and Psychology）的章节。］

为了成功应对现实——追求和实现维持生命需要的价值——人类需要自尊：他必须对自己的效能和价值充满信心。

焦虑和内疚，自尊的对立面和心理疾病的标志，会瓦解思想、扭曲价值并遏制行动。

自尊的人选择自己的价值、设定自己的目标时，规划未来统一并指导自己行动的长期目标时，就是在架设通往未来的桥梁。他沿着这座桥梁走向人生的终点。支持这座桥梁的是有思考、评判和重视能力的头脑以及值得享有价值的信念。

带来能够控制现实的感觉的并不是某种特定的技能、能力或知识，不依赖于某种特定的成功或失败。它体现了个体与现实的基本关系、个体对基本效能和价值的信念。它反映了个体在本质上和原则上适合现实的确定性。自尊是形而上的评估。

在传统道德之下，这种自尊心的心理状态不可能被人接受。

神秘主义和自我牺牲的信条与心理健康或自尊无法共存。从存在和心理的角度来说，这些学说都是极具破坏性的。

一、维持生命和实现自尊需要人充分运用自己的理智——但道德教人依靠并需要信仰。

人拒绝以理性为评判标准后，就只剩一个选择：只能以自己的感觉为标准。神秘主义者是以感觉为认知工具的个体。信仰是将感觉内化为精神力量。

为了实践信仰的"美德"，人们必须停止运用自己的观察力和判断力，忍受不可理解的现象，忍受无法被概念化或融入自身的知识，营造出一种类似催眠状态的认知幻觉。人们必须主动压抑自己的批判能力并以此为耻；必须主动压制内心产生的所有问题——一旦理性企图正常运作，保护个体的生命和认知的完整性，就会将信任理性的念头果断扼杀。

别忘了人类所有的知识和概念是分等级的。人类思维的基础和起点是感觉感知；在此基础上，人类建立最早的概念，然后通过在更加宽广的领域中识别和整合新概念，不断建设知识大厦。该过程只有在逻辑"排除矛盾的艺术"的指导下进行，人类的思想才是可靠的——人类构建的任何新概念必须与原有知识不矛盾才能被纳入知识等级体系。如果将无法这样被吸纳的概念、脱离现实的概念、未经理性过程验证并未经理性检验或评判的概念，以及更糟糕的、与个人原有的概念和对现实的认识矛盾的概念纳入意识当中，那就是破坏意识的整合功能，削弱个人其余的所有信念，剥夺其做出任何确定判断的能力。

理性要么是思想的主导，要么不是——如果不是，人类就无法划定界限，没有划定界限的依据，信仰能够跨越所有障碍，侵入个人生活的每一个方面：个体的感觉一旦与理性出现分歧，个体就会失去理性。

二、人需要自尊就必然要萌生自己对现实的控制感——但是，如果个体相信宇宙中存在超自然的、奇迹般的、无因而生的现象，个体受制于鬼魂和恶魔，个体所面对的不是未知而是不可知，那么控制现实就是不可能的；如果万事万物的成败都由宿命支配，那么控制现实就是不可能的；

如果宇宙是不可知的，个体就不可能控制现实。

三、人的生命和自尊决定了人类意识所作用和关注的应该是现实和当世——但伦理教导人嘲笑感官知觉和这个可以通过感官感知的世界，而去关注另一个"不同的""更高的"现实，一个无法用理性接近、不能用言语传达的世界。到达那个世界的方法只有启示、特定的辩证过程、被禅宗称为"无念"，即思想清明的最高境界或死亡。

世上只存在一种现实——它对人类来说是可知的。如果人类选择对其视而不见，人类便失去了感知的对象；如果人类不感知现实世界，他就不具备清醒的意识。

神秘主义对"另一个"现实的想象带来的唯一后果是让人在心理上失去了在这个世界上生存的能力。人类走出洞穴，改变物质世界，让人类得以在地球上生存的，不是玄奥的、不可言喻的、无法定义的事物，不是思考不存在的事物。

如果放弃思想是美德，运用思想则是罪过；如果模仿精神分裂症患者的精神状态是美德，思想集中则是罪过；如果对地球置之不理是美德，让其适宜人类居住则是罪过；如果轻视肉身是美德，工作和行动则是罪过；如果鄙视生命是美德，维持和享受生命则是罪过。这样一来，人类的自尊、控制力和效能就都不可能存在，个体的可能性被完全剥夺，其拥有的只有一个身陷噩梦般的宇宙的倒霉鬼的愧疚与恐惧。这个宇宙由某些形而上的施虐狂创建，将人类置于迷宫之中，写着"美德"的门通向自我毁灭，写着"能力"的门通往自我放逐。

四、人类生命和自尊要求其为自己思考和生存的能力而自豪——但其所接受的教育却是伦理将自豪尤其是为自己的思想自豪视为最深重的罪孽。人类被告知美德始于谦卑：始于认识到自己的无助、渺小和个人思想的无能。

人类是无所不知的吗？——神秘主义者质问道，是不会犯错的吗？那么人类凭什么挑战上帝的话语或上帝的代表，认为自己有权评判任何事物？

思想自豪不是——像神秘主义者荒谬地暗示的那样——人类假装无所不知、绝对正确。相反，正因为人类需要为知识奋斗，需要付出努力才能获取知识，承担这项责任的人有权感到自豪。

有时，在口语中，骄傲会被认为是假装获得了事实上并未获得的成就。但是吹嘘者、夸耀者、假装自己有某种美德的人不是自豪的人，他只是选择了最丢脸的方式来暴露自己的卑微。

自豪是个体对自己实现价值的能力的反应，是个体因自己的能力获取的快乐，而神秘主义者认为这是邪恶的。

如果怀疑，而非自信，是人类的适当道德状态；如果自我质疑，而非自力更生，是其美德的例证；如果恐惧，而非自尊，是完美的标志；如果愧疚，而非自豪，是人类的目标——那么心理疾病就是道德理想，神经症①患者和精神病患者就是伦理的最高拥护者，思想者和行动者是罪人。前者傲慢、腐朽，拒绝为了追寻美德和心理健康接纳自己不应存在的看法。

谦卑是神秘主义伦理必要的基本美德，是放弃思想的人唯一可能获得的美德。

自豪必须建立在奋斗之上，是努力和成就的回报。然而为了得到谦卑的美德，个体必须戒掉思考——其他什么也不用做——很快就会感到谦卑了。

---

① 神经症是神经衰弱、焦虑症、强迫症、恐惧症等的总称。——译者注

五、人类的生命和自尊要求个体忠于自己的价值、思想和判断，忠于自己的生命——但人类受到的教育却是伦理，伦理是由自我牺牲构成的：为了某种更高的权威牺牲自己的思想，为了任何提出要求的人牺牲自己的价值。

没有必要在这里分析自我牺牲的准则带来的无尽的恶果。《阿特拉斯耸耸肩》详尽地揭露了它的不合理和毁灭性。但是这个问题有两个方面与心理健康的主题联系特别紧密。

第一是自我牺牲，指——且仅指——思想牺牲。要记住牺牲指的是为了较低的价值或零价值放弃较高的价值。个体为了自己珍视的放弃自己不在意的——或为了获得价值较高的放弃价值较低的——的行为不构成牺牲，而是获益。

还有，别忘了人的价值是分等级的；相较于其他事物，他对某些事物更为重视；如果他是理性的，他的价值等级顺序也就是理性的：就是说，根据事物对其生命和福利的重要性赋予其相应的价值。对其生命和福利不利的，对其作为生命体的本性和需求有害的，则不赋予价值。

相反，精神疾病的特点之一是扭曲的价值体系；神经症患者不根据事物对其本性和需求的客观增益分配价值。他珍视的往往是让他走向自我毁灭的事物。根据客观主义标准，他在长期自我牺牲。

如果牺牲是美德，那么需要"接受治疗"的是理性的人，而不是神经症患者。他必须学会强行压制自己的理性判断——颠倒自己的价值等级体系——放弃他的思想所认定的善——违背自己的意识，自证其误。

神秘主义者是否宣称他们只是要求人类牺牲自己的幸福？牺牲幸福就是牺牲欲望，牺牲欲望就是牺牲价值，牺牲价值就是牺牲判断，牺牲判断就是牺牲思想——这正是自我牺牲的信条的目标和要求。

自私的根源是人类根据自己的判断而行动的权利和需求。如果必须牺牲判断，人类怎么可能拥有能力和控制，如何避免矛盾，实现精神安宁呢？

第二个相关的方面不仅涉及自我牺牲的信条，还关联之前提到的传统伦理的一切原则。

非理性的伦理，反人类本性、反现实、反人类生存需求的伦理，不可避免地强迫人类接受道德和现实之间有不可避免的冲突——人类必须在道德和快乐、理想和成功之间做出选择，两者不可兼得——的观点。这种观点会导致人类存在最深层次上的灾难性的矛盾，是一种让人左右为难的二元对立：让人不得不在生存的能力和生存的价值之间做出选择。然而人类必须两者兼得才能拥有自尊和心理健康。

如果人类认为在地球上生存是善，如果他以适合理性个体生存为标准进行价值判断，生存和伦理的需求之间就没有矛盾，生存的能力和生存的价值之间就没有矛盾；人类通过获取前者实现后者。但如果人类认为对地球置之不理，放弃生命、思想、幸福和自我是善，两者就会矛盾。在反生命的伦理的指导下，人类的生存价值与他的生存能力成反比，他获取生存能力就会失去生存价值。

很多传统伦理的支持者对此的回复是："哦，但是人不需要走极端。"他们的意思是："我们不指望人类完全遵循道德。我们的预期是他们会在生活中偷偷地追求一定的自身利益。我们承认人毕竟要生存。"

对这种伦理规范的反驳是，只有极少数人拥有足够强的自杀倾向，能够长期实践这样的伦理。对外宣称遵循这种伦理规范的人只有在虚伪的保护下，才能生存。这会对他的自尊产生什么样的影响？

如果这种伦理的受害人不够虚伪呢？

如果孩子不堪父母的说教——人生来就是受苦的，提问是不敬的，怀疑是一种逆袭，人必须服从超自然的精神的命令，否则就会困在地狱的烈火之中永世不得超生——恐惧地将自己封闭进自闭的世界呢？

如果一个对父亲除了憎恶没有任何其他感情的女儿，因为没有牺牲自己的生活去看护年老衰弱的父亲而愧疚至极几近崩溃呢？

如果多年节俭勤奋的商人终于"犯下"成功的罪行，因被告知富人进天堂比把骆驼穿过针眼还要难而焦虑难耐呢？

如果绝望的神经症患者听信了世界是悲惨、徒劳、厄运的领地，人类不可能在其中获得快乐和成就的说教，放弃解决自己的问题呢？

如果说这些学说的拥护者要承担严重的伦理责任，另一些人恐怕更难辞其咎：目睹这些学说对人的伤害却选择沉默不反驳的心理学家和精神病学家们。他们宣称哲学和伦理问题与他们无关，科学不能做价值评判；他们断言理性的伦理规范是不可能存在的并因此逃避其职业义务；他们的沉默是对精神谋杀的默许。

（1963年3月）

自私的价值体系

安·兰德

很多人通过问这样的问题来探讨伦理的主题——人是否应该不惜自己的生命拯救：一、快要淹死的人；二、困在火中的人；三、即将被高速驶来的火车撞击的人；四、即将落入深渊，用指尖扒着悬崖边缘的人。这种现象体现了利他主义伦理造成的心理后果。

请考虑这种方法带来的后果。如果个体接受利他主义伦理，他将承担以下恶果（严重度与其接受度成正比）：

一、自尊缺失——鉴于他在价值领域最关注的不是如何生活，而是如何牺牲自己的生命。

二、缺乏对他人的尊重——鉴于他认为人类是一群讨要他人帮助的、注定失败的乞丐。

三、视存在为噩梦——鉴于他相信人类被困在一个"充满恶意的宇宙"之中，应对持续不断的灾难是人类生存的重心。

四、对伦理昏聩的漠视，绝望的、愤世嫉俗的不道德——鉴于他的问题与他可能遇到的情况相去甚远，与他人生中的实际问题毫无关系，他无须遵循任何伦理原则。

利他主义将帮助他人视为伦理的中心和首要问题，破坏了人与人之间真诚的仁爱或善意的概念。利他主义强行向人灌输一种观点：肯定另一个人的价值是无私之举，因此暗示人类无法从他人处获取价值——肯定他人的价值就是牺牲自我——个人对他人的爱、尊敬和钦佩不会且不可能为他本身带来快乐，只会威胁他的存在，是一张开给他所爱之人的空白的自我牺牲支票。

接受了这种二元对立论但选择了与常人相反的道路的人、令人性沦丧的利他主义的终极产物，是精神变态者。他们不挑战利他主义的基本前提，但通过宣称自己对任何生物都漠不关心、绝不会费力帮助被肇事逃逸的司机（往往本身也是他们的同类）撞伤的人或狗，表达了他们对自我牺牲的反抗。

很多人不接受也不实践利他主义极端错误的二元论的任意一个选项，但这导致了人们在面对适当的人际关系的话题，以及有关帮助他人行为的性质、目的或限度等方面的问题时思想十分混乱。如今，很多好心、讲道理的人不知如何识别、归纳能够激发他们的爱、欣赏和善意的伦理原则，被利他主义的陈词滥调所主宰的伦理领域找不到任何指引。

关于人类为何不是献祭动物以及为何帮助他人不是人类的道德责任的问题，请参阅《阿特拉斯耸耸肩》。目前的讨论针对的是个体对他人进行非牺牲式的帮助时，进行识别和评估的原则。

"牺牲"是为了较低的价值甚至零价值放弃较高的价值。因此，利他主义以个体放弃、抛弃、背弃的价值的高低衡量个体的美德（鉴于相较于帮助所爱之人，帮助陌生人或敌人被视为道德更加高尚，更加"无私"）。理性的行为准则正好相反：永远遵循你的价值等级体系，不为了较低的价值牺牲较高的价值。

该原则适用于一切选择，包括以他人为对象的行为。这就要求个体拥有确定的理性价值等级体系（根据理性标准所选择的、被理性标准所验证的价值）。没有这样的等级体系，理性行为、审慎的价值判断和道德选择都是无源之水，无本之木。

爱和友谊是极度个人化、自私的价值；爱是自尊的表达和主张，是对个人从他人处获取的价值的回应。个体从所爱之人的存在中获得极度个人化、自私的愉悦。个体从爱中追寻的、获取的、得到的是自己个人化、自私的幸福。

"无私""不求回报"的爱是自相矛盾的：它意味着个体对自己重视的价值无动于衷。

关心所爱之人的福利是个人自私的利益的一个理性组成部分。如果一个深爱妻子的人为身患重病的妻子治疗花了一大笔钱，就认为他是在为妻子做出"牺牲"是很奇怪的。这种说法意味着他这么做不是为了自己，妻子的死活对他个人和他的利益毫无意义。

人类为了所爱之人的利益而采取的任何行动，如果在他的价值等级体系中、在他面对的所有选项中，能够实现从个人（和理性）角度衡量，对他最为重要的目标，就不是牺牲。在上面的例子中，对于丈夫来说，拯救妻子的价值高于任何金钱能够买到的东西，就他的幸福而言，是最重要的目标。因此，他的行为不是一种牺牲。

但假如他遵从利他主义伦理的要求，让自己的妻子死去，用这笔钱拯救另外十名与他毫无瓜葛的女性的生命，这种做法就是牺牲了。这凸显了客观主义与利他主义的区别：如果牺牲是行动的道德原则，那么这个丈夫就应该为其他十名女性牺牲自己的妻子。他的妻子与其他十名女性有什么不同？唯一的不同是妻子对于必须做出选择的丈夫的价值更高，只有她活下去他才能幸福。

客观主义伦理则会这样教导他：你的最高道德目的是实现自己的幸福。你的钱属于你。用它拯救你的妻子，这是你的道德权利和理性的道德选择。

想象一下给这个丈夫相反建议的利他主义伦理学家的灵魂（然后扪心自问利他主义是否源于仁善）。

评判个体何时、是否应该帮助他人的适当方法是参考个体自己的理性利益和价值等级体系：个体投入的时间、金钱和精力或承担的风险应该与帮助对象对其幸福的价值相适应。

我们用利他主义者喜欢的拯救落水者的例子来说明这一点。如果要拯救的人是陌生人，个体在自己的生命安全不会受到威胁的情况下才选择出手相救的做法是道德的；

如果自己的生命会受到严重的威胁，尝试救人是不道德的：只有自尊缺失会导致个体认为自己生命的价值低于陌生人生命的价值。（反过来，落水的个体不应要求陌生人为了自己冒生命风险。要记住他人生命的价值和自己生命的价值一样非常珍贵。）

如果需要救援的不是陌生人，个体所承担的风险应该与被救者对其价值成正比。如果落水的是爱人，个体可能愿意为了拯救他牺牲自己的生命——这么做的理由是自私的，个体无法忍受失去爱人的生活。

相反，如果一个人会游泳，有拯救落水妻子的能力，但一时慌张，屈服于毫无根据的、不理智的恐惧，没有出手相救导致妻子淹死，然后一直过着孤单和痛苦的生活——他不会被称为"自私"；他会因为背叛自己和自己的价值，没有争取对自己的幸福至关重要的价值，受到道德上的指责。记住价值是个体通过行动获取和/或保留的东西，只有个体的努力能带来个体的幸福。鉴于个体的幸福是其人生的道德目的，这个因自己的失误、因没有用行动争取而未能实现幸福的人在道德上是有过失的。

帮助个体所爱之人的美德不是"无私"或"牺牲"，

而是正直。正直是忠于个人的信念和价值，是根据自己的价值行事的策略，是表达、拥护自己的价值并将它们转化为现实。如果一个男人嘴上说爱一个女人，行动上却对她冷漠甚至不利和有害，这样的人因不正直而不道德。

同样的原则也适用于朋友之间的关系。如果个体的朋友遇到了麻烦，个体应该运用任何非牺牲的适当手段帮助他。比如，如果个体的朋友在挨饿，个体把原本准备购买不重要的小物件的钱给这位朋友、让其购买食物的行为不是牺牲，因为在个体的个人价值体系中朋友的福利是很重要的。如果本来想要购买的小物件比朋友的困境重要，个体就无须再伪装虚假的友谊。

友谊、倾慕和爱的实际执行涉及将相关人员的福利（理性福利）纳入个体的价值等级体系并采取相应的行动。

但这是人类必须通过自己的美德获得的奖赏，个体不能将其给予一般的熟人或陌生人。

个体给予陌生人什么才算适当呢？面对陌生人，考虑到其代表的潜在价值，个体应该给予其一般性的尊重和善意，直到或除非此人丧失这种价值。

理性个体不会忘记生命是一切价值之源，是生物（相对于无生命的物质）之间的共同纽带。对于个体来说，他人有潜力像他一样实现美德，并因此对他具有重大价值。这并不是说他认为可以用自己的生命交换他人的生命。个体清楚自己的生命不仅是自己一切价值的来源，还是其价值评判能力的本源。因此，赋予他人的价值只是其追求的根本价值，是自己生命的结果、延伸和间接表现。

自尊的个体给予他人的尊重和善意是极度以自我为中心的。他们的实际想法是："因为他人和我属于同一个物种，所以他们有价值。"他们通过尊重生命体，尊重自己的生命。这是任何同情的情感和"种族团结"的感觉的心理基础。[1]

鉴于人类出生时在认知上和道德上都是一张白纸，只要没有被证明有罪，理性的个体就认为他人是无罪的，并

---

[1] 纳撒尼尔·布兰登，《仁爱与利他主义》（"*Benevolence versus Altruism*"），《客观主义通讯》，1962 年 7 月。

因其所具有的人类潜力，给予其初始的善意。此后，他根据他人以行动构建的道德人格对其进行评判。如果发现其有极恶之举，善意就会被轻蔑和道德谴责所取代。（如果个体珍视人类生命，就不会珍视其毁灭者。）如果个体发现他人品行端正，就根据其美德，赋予其相应的个人价值和赏识。

个体基于一般性的善意以及对人类生命的价值的尊重，在且仅在紧急情况下，帮助陌生人。

区分紧急情况下和人类存在的正常情况下的行为准则非常重要。这并不意味着道德的双重标准：标准和基本原则是不变的，但它们在两种情况下的应用需要精确定义。

紧急情况是突发的、意外的事件，有一定时限，会引发人类无法生存的情况——如洪水、地震、火灾和沉船。在紧急情况下，人类的首要任务是抗灾、避险和恢复正常状态（找到陆地或扑灭大火等）。

这里的"正常"指的是形而上的正常，事物本质上的正常，适宜人类存在。人类可以在陆地上生活，但是无法在水中或者大火中生存。鉴于人类不是无所不能的，从形而上的角度讲，可能遭遇不可预见的灾难。遇到这种情况时，人类唯一的任务就是恢复自己的生命可以延续的条件。紧急情况本质上是暂时的；如果它持续下去，人们将遭到毁灭。

只有在紧急情况下，个体才应该在自己的能力范围内主动帮助陌生人。比如，一个重视人类生命的人如果遭遇海难，应该帮助拯救其他乘客的生命（但不能以自己的生命为代价）。但这并不意味着上岸之后，他还应该努力帮助其他乘客解决贫穷、无知、神经质或他们可能遇到的任何困难。这也不意味着他应该一生在海上航行，寻找并拯救其他的海难受害者。

再举一个日常生活中可能发生的例子：如果个体听说隔壁邻居生病了且身无分文。疾病和贫穷不是形而上的紧急情况，他们是人类存在涉及的正常风险。但由于此人暂时需要帮助，个体如果有经济能力，可以（出于善意，而不是责任）给他送药和食物。但这并不意味着该个体从此以后一直要照顾这位邻居，或该个体此后应该用毕生精力寻找拯救挨饿的人。

在正常的生存条件下，人类必须选择自己的目标、做好时间规划、用自己的努力追求并实现这些目标。如果他的目标受制于他人遭遇的任意不幸并因此被牺牲，这一切就无法实现。他不应当以只适用于人类无法生存的情况的规则来指导生活。

在紧急情况下人类应该互相帮助的原则不应该被延伸到将所有人类困苦都视为紧急情况及将部分人的不幸变成他人的人生债务。

贫穷、无知、疾病和其他此类问题不是形而上的紧急情况。从人类和存在的形而上的本质来说，人类必须用自己的努力维持自己的生活；他需要的价值——如财富或知识——不是上天自动赐给他的礼物，而是必须通过自己的思考和努力才能发现和获取的。在这方面，个体对他人唯一的义务就是维持一个每个个体都可以自由实现、获取、保有其价值的社会系统。

所有伦理都基于并源于形而上，也就是关于人类居住和行动的世界的本质的理论。利他主义伦理基于"宇宙充满恶意"的形而上看法，基于人类本质上无助且必遭厄运的观点——成功、幸福和成就对他来说是不可能的——紧急情况、灾难、祸患才是其人生的常态，是他主要的对抗对象。

对这种形而上论调最简单的现实驳斥——证明物质世

界对人体不是不利的，灾祸是人类存在的特殊情况而非常态——是保险公司赚取的巨额财富。

也请注意，利他主义的拥护者不愿将他们的伦理体系构建在人类正常存在的现实之上，总是以紧急情况为例构建道德行为准则（"如果你和另外一个人同在一艘只能承载一人的救生艇上，你该怎么办？"之类的问题）。

事实上人类未生活在救生艇上——不应该以救生艇为基础构建形而上理论。

个体人生的道德目的是实现自己的幸福。这并不意味着他对他人漠不关心、他人的生命对他而言毫无价值、遇到紧急状况时他不应帮助他人。但这确实意味着他不将他人的福利置于自己的生命之上，不为他人的需求牺牲自己的利益，不将缓解他人痛苦视为自己的首要任务。给予帮助是特殊情况，不是常态；是慷慨之举，不是道德责任；是少量的、偶发的——正如在人类存在的历程中，灾难是边缘的、偶发的——价值，而不是灾难，是个体人生的目标、首要关注对象和驱动力。

（1963年2月）

|第|四|章|

拒绝盲目的谦卑

安·兰德

有些客观主义的学生认为"理性个体之间没有利益冲突"的客观主义原则难以理解。

一个典型的问题如下："假如两个人竞争同一份工作，只有一个人会被选中。这种情况不就是利益冲突，个体以他人的牺牲为代价获益吗？"

理性个体对自己的利益的看法涉及四个相互关联的因素，但它们在上述问题以及对此类问题的类似解读中都被忽视和避开了。这四个因素是：一、现实；二、背景；三、责任；四、努力。

一、现实。"利益"是一个涵盖伦理全部领域的宽泛抽象的名词。它包含人的价值、欲望、目标和在现实中的实际成就。个体的"利益"取决于他选择追求的目标，他选择的目标取决于他的欲望，他的欲望取决于他的价值——而且，对于理性的人来说，他的价值依赖于他的思想评判。

欲望（或感觉、情感、愿望、冲动）不是认知工具，不是可靠的价值标准，不是衡量人类利益的可靠准则。个体渴望获取某事物的事实不能证明他渴望的事物是好的，不能证明实现该欲望是对其有利的。

一旦欲望得不到满足就声称个体的利益被牺牲了是对人类价值和利益持主观主义看法的表现；也就是，无论目标是否与现实相矛盾，都相信个体实现自己的目标是适当的、道德的且可能实现的；也就是说对存在持有非理性或神秘主义的看法；也就是说不值得进一步考虑。

选择自己的目标时（希望获取或保留的特定价值），理性个体以其思想（一个理性过程）而不是感觉或欲望为指导。他不认为欲望是不可减损的首要道德因素，他注定要追求预设的目标。他不认为"因为我想要"或"因为我感觉"足以构成其行为的动因和验证。他通过理性过程选择或识别自己的欲望，直到且除非他能够理性地用其已有的知识以及其他价值和目标对其进行充分验证，他才会采取行动实现该欲望。个体能够判定："因为正确所以想要"，才会行动。

同一律（甲是甲）①是理性个体就其利益做出决定时首要考虑的因素。他清楚矛盾的就是不可能的，在现实中不可能实现自相矛盾的东西，尝试实现自相矛盾的东西只会导致灾难和毁灭。因此，理性个体不允许自己持有矛盾的价值、追求矛盾的目标或相信追求矛盾能够对其有利。

只有不理性的人（或神秘主义者、主观主义者——我认为包括所有将信仰、感觉或欲望视为人类价值标准的人）长期处于"利益"冲突的状态中。他所谓的利益不仅与他人的利益冲突，还自相矛盾。

如果有人因为不能同时吃掉蛋糕又不失去蛋糕而哀号生活使其陷入了不可化解的矛盾，所有人都会认为不值得将此人的问题纳入哲学思考。将这个问题引申到蛋糕之外——无论是像存在主义学说那样引申到整个宇宙，还是像很多人看待自己的利益一样引申到一些随机的冲动和逃避——也不可能得到理性验证。

---

① 形式逻辑的基本规律之一，就是在统一思维过程中，必须在同一意义上使用概念和判断，不能混淆不相同的概念和判断。公式是："甲是甲"或"甲等于甲"。——译者注

如果一个个体进入了声称人类利益与现实冲突的阶段，"利益"的概念就失去了意义。他的问题就不再是哲学问题而是心理问题。

二、背景。理性个体从不断章取义，不会忽略其拥有的其他知识、对可能的矛盾视而不见。同样，他也不会忽略背景，孤立地怀有或追寻某种欲望。正如他任何时候都不会脱离背景去评判某物对他有利还是有害。

舍弃背景是逃避的主要心理工具。在个体欲望方面，有两种舍弃背景的主要方法，分别涉及范围和手段。

理性个体从一生的维度看待自己的利益并选择相应的目标。这并不代表他必须无所不知、绝对正确或能够预见未来。这意味着他目光长远，不会像屈服于任意即时冲动的流浪汉一样随波逐流；意味着他认为任意时刻与人生的大背景都是相连的，不允许自己的短期和长期利益出现矛盾。他不会成为追寻侵害自己未来利益的眼前利益的自我毁灭者。

理性个体不会一厢情愿地脱离手段谈目标。只有知道（或正在学习）、考虑过实现的手段，他才会怀有某个欲望。理性个体清楚社会不会自动满足人类的欲望，个体必须通过自己的努力实现自己的目标和价值。理性客体生命和努力既不是自己的财产，也不是为了满足自己的愿望而存在的，因此不会怀有无法通过自己的努力直接或间接实现的欲望。

对"间接"的正确理解是一个关键的社会问题的起点。

在社会中，而不是荒岛上，生活不代表个体就无须负责维持自己的生命。唯一的区别是他通过用自己的产品或服务换取他人的产品或服务维持自己的生命。在交换过程中，理性个体不寻求或期望获得高于或低于自己的努力的回报。是什么决定了他的收益？自由市场，也就是愿意用自己的努力与其进行交换的他人的自愿选择和评判。

与他人进行交换时，个体依赖——或明确或隐晦地——他人的理性，也就是说：他人认可其努力的客观价值的能力。（以其他任何前提为基础的交换都是骗局或欺诈。）因此，理性个体在社会中追寻价值时，不受制于他人的冲动、偏袒和偏见；他只——通过完成客观上有价值的工作直接地，或通过他人对其努力的客观评判间接地——依赖自己的努力。

从这层意义上说，理性个体从不怀有或追寻不能通过自己的努力实现的欲望。他以价值换取价值。他从不追寻或渴望不劳而获。追求需要多人合作的目标时，他依赖的只有自己说服他人的能力和他人的自愿同意。

　　当然，理性个体不会为了迎合他人的非理性、愚蠢或不诚实而扭曲或破坏自己的标准和评判。他知道这条道路只会通往自我毁灭。他知道取得任何程度的成功或实现任何人类期望的唯一现实道路是与理性个体交往，无论这样的个体是多是少。在任意给定的情形下，只有理性可能赢得胜利。在社会中，无论斗争多么激烈，最终获胜的必然是理性。

　　鉴于他从不忽略背景，理性个体认为斗争是对其有利的——因为他知道自由是对其有利的。他知道为了实现自己的价值而奋斗有失败的可能。他也知道，无论是与自然打交道还是与他人打交道，个体别无选择只能努力，但成功与否不能保证。因此，他不以任何失败或某个特定时刻为限评判利害。他从长远的角度生活和评判，弄清实现自己的目标所必需的条件完全是他自己的责任。

　　三、责任。这是很多人会逃避的一种理性责任。逃避是他们遭受挫败和失败的主要原因。

很多人的目标是脱离背景的，像飘浮在雾蒙蒙的空中，一切手段的概念都被迷雾所遮挡。他们精神清醒的状态极为短暂，只够说一句"我想"，然后他们思维停滞，被动等待，好像会有未知的力量搞定后面的一切。

他们逃避的是评判社会领域的责任。他们认为世界是给定的。"世界不是由我创造"是他们态度的本质——他们只是不加批判地自我调整，以适应不可知的其他人的不可理解的需要，因为不论这些人是谁，是他们创造了世界。

但是谦卑和自负是同一个心理硬币的两面。愿意盲目地被他人所支配的人往往也认为自己有权向支配者提出盲目的要求。

这种"形而上的谦卑"会以种种方式表现出来。比如，有的人渴望财富，却从不思考获取财富需要什么样的手段、行动和条件。他要评判谁呢？他无法改变世界——"一切压得他喘不过气来"。

一个女孩渴望被爱，但从来没有想过去探索爱是什么，需要什么价值以及自己是否拥有值得被爱的美德。她要评判谁呢？在她看来，爱是一种无法解释的恩惠，所以她只是一味地渴望，觉得有人夺走了她应得的那份爱意。

有的父母因为自己的孩子不爱自己而感到深刻的、真实的痛苦。而与此同时，他们忽视、反对或尝试毁灭孩子的信念、价值和目标，从未想过这之中的因果关系，从不尝试理解自己的孩子。他们没有创造也不敢挑战世界，世界教给他们的是孩子天生爱自己的父母。

有人想要得到一份工作，却从未想过了解那份工作需要的资质以及如何做好自己的工作。他要评判谁呢？世界不是他创造的。有人夺走了他的谋生手段。怎么夺走的？用某种方法。

一天，我认识的一位欧洲建筑师说起了他去波多黎各旅行的经历。他，带着对整个宇宙的极大愤慨，描述了波多黎各人肮脏的生活条件。然后，他描述了现代住房能够给他们带来奇迹般的巨大改善，他在想象中把一切都详细地设计好了，包括电冰箱和铺地砖的洗手间。我问："谁出钱呢？"他好像被冒犯了一样，用略带怒意的语调回答道："那就不是我该操心的事情了！建筑师的任务只是规划应该怎么做，钱的事情归别人管。"

正是这种心理引发了各种"改革""福利""高尚的实验"或毁灭世界的想法。

个体一旦不再对自己的利益和生命负责，就不用再考虑他人的利益和生命，而他还要通过他人以某种方式满足自己的欲望。

任何相信"某种方法"是实现其欲望的一种手段的人都在践行"形而上的谦卑"，而心理上这正是寄生虫的存在前提。正如纳撒尼尔·布兰登在某次讲课中提到的，不管怎样意味着"无论是谁"。

四、努力。鉴于理性个体清楚地认识到：人必须通过自己的努力实现目标。他知道财富、工作或任何人类价值都不是给定的、有限的、静止的和等待被人瓜分的。他知道一切利益都是人创造的，一人获益不代表另一人损失，一人的成就不是以失败者的损失为代价的。

因此，他从不认为自己可以无缘无故地、单方面地向任何人提出要求——也从不将自己的利益寄托于任何他人或单一特定的实体。他也许需要客户，但并不是某个特定的顾客；他也许需要工作，但不是某一份特定的工作。如果遇到了竞争，要么面对，要么换一份工作。在任何工作中，更好的、更娴熟的表现，在社会上都会得到注意和认可。不信可以问问任意一位办公室经理。

只有"形而上的谦卑"学派的被动的、寄生虫般的代表将任何竞争者视为对自己的威胁，因为靠自己的美德赢得工作不是他们人生观的一部分。他们其实是将自己视为可替换的、一无所长的平庸之辈，在一个"静态的"宇宙中争取他人莫名其妙的恩赐。

理性个体清楚个体不依靠"幸运""机会"或恩惠生存。所谓"唯一机会"或独一机会是不存在的，而这正是竞争的存在所保证的。理性个体不认为任何具体的、特定的目标或价值是不可替代的。他知道只有人——只有他的所爱之人——是不可取代的。

他知道即便在爱的方面，理性个体之间也没有利益冲突。和其他任何价值一样，爱不是待人瓜分的定量，而是可获取、无限量的一种回应。对一个朋友的感情不会威胁到和另一位朋友的友谊，对不同家庭成员的爱也是如此，只要他们没有不劳而获。最排他的爱——爱情——也不涉及竞争关系。如果两个男人爱上了同一个女人，她对一人的态度不会改变她对另一人的感情，也不会让这种感情消失。如果她选择了其中一人，"失败者"本就得不到"获胜者"赢得的东西。

只有在非理性、情绪化的人之中——他们的爱与价值原则是脱节的——随机的竞争、偶然的冲突和盲目的选择才会盛行。但获胜者赢得的东西很有限。对于情绪化的人来说，爱或任何其他情绪都没有什么意义。

简而言之，这就是理性个体的利益观涉及的四个主要考虑因素。

现在让我们回到最初的问题——两个人申请同一份工作——观察其如何忽略或违背这四个考虑因素。

一、现实。两人想要获得同一份工作的事实并不能证明他们中的任何一人有资格或应该得到这份工作，也不能证明如果得不到这份工作他的利益就会受损。

二、背景。两人都应该知道如果他们渴望获得同一份工作，他们的目标存在的前提是能够提供工作机会的商业机构——该商业机构要求申请人必须超过一人——如果只有一名申请人存在，他也不能获得这份工作，因为该商业机构将不得不放弃招人，因此两人竞争同一份工作对他们都有利，尽管在这次对决中有一人会失败。

三、责任。两人中任何一个人都不具备这样的道德权利：宣布他不想考虑所有涉及责任的事情，只想要一份工作。如果不知道实现目标需要什么，他就没有资格怀有任何欲望或渴望任何"利益"。

四、努力。最终得到工作的人，是通过自己的努力获胜的（假设雇主的选择是理智的）。他获取利益凭借的是自己的美德，而不是另一人的"牺牲"——获得这份工作本来就不是他的既得权利。不给予某人本来就不属于他的东西并不是"牺牲他的利益"。

（1962年8月）

人人都是自私的吗

纳撒尼尔·布兰登

总有人用类似这样的问题向拥护理性自身利益伦理的人提出异议。比如，有时他们声称："每个人做的都是自己想做的事情——否则，他就不会做了。"或者："没有人真的自我牺牲。鉴于每个有目的的行为背后的动机都是个体追求的某种价值或目标，个体的行为总是自私的，无论他自己有没有意识到。"

　　为了厘清这种观点导致的思想混乱，让我们考虑什么样的现实催生了自私和自我牺牲以及利己主义与利他主义的对立，以及"自私"的概念意味着和牵涉什么。

　　自私与自我牺牲的对立源自伦理背景。伦理是指导人的选择和行为的一套价值规范——这些选择和行为会决定个体生命的目的和轨迹。在就行为和目标做出决定时，个体不断面对各种选择。为了做出决定，个体需要价值标准——行为的服务对象和目标。"'价值'预设了如下问题的答案：对谁有价值，为什么有价值？"[1]个体行动的目标或目的是什么？谁将成为其行动的预设受益人？他是应该将维持自己的生命、实现自己的快乐作为自己的首要道德目的，还是应该以服务他人的愿望和需求为首要道德目的？

利己主义和利他主义的冲突在于它们对这些问题的不同回答。利己主义认为人自身就是目的，利他主义将人视为他人实现目标的手段。利己主义认为道德上行为的受益人应该是行为主体本身，利他主义认为道德上行为的受益人应该是行为主体之外的某人。

以对自身利益的关注为行为动机即为自私。这需要个体思考自己的利益是由什么构成的，以及如何实现自己的利益——追求什么价值和目标，采取什么原则和方针。如果个体不关心这个问题，就不能客观地说他关心或渴望自己的利益；个体无法关心或渴望自己一无所知的东西。

自私涉及：（1）个体根据自身利益设定价值等级体

---

① 引自《阿特拉斯耸耸肩》。

系；（2）拒绝为相对较低的价值或零价值牺牲相对较高的价值。

真正自私的人知道只有通过理性才能判断什么对其真的有利。他知道追求自相矛盾的事物或尝试违背事实行事只会带来自我毁灭，而自我毁灭对他不利。"思考对个体有利，中断意识则不利。以其知识、价值和人生为背景选择目标对其有利，在即时冲动的驱动下行动、不做长远考虑对其不利。作为一个从事创造的个体，存在对其有利，当寄生虫对其不利。追寻与其本性契合的人生对其有利，过动物的生活对其不利。"[①]

因为真正自私的人以理性为指导选择自己的目标——且理性个体的利益不会相互冲突——他人可能时常从其行为中获益。但是让他人获益不是他的首要目的或目标：他自己的利益才是他的首要目的和指导他行为的有意识的目标。

为了清楚地说明这个原则，让我们思考这样一个极端

---

① 纳撒尼尔·布兰登：《安·兰德是谁？》，纽约：兰登书屋，1962；平装本图书馆，1964。

的例子：一个男人愿意为了拯救他所爱的女人献出自己的生命——这种行为事实上是自私的，但一般却会被称为自我牺牲。这个男人如何从自己的行动中获益呢？

《阿特拉斯耸耸肩》给出了答案——高尔特（Galt）知道自己即将被逮捕时对达格妮（Dagny）说："一旦他们对我们的关系产生任何怀疑，一周之内他们就会在我面前对你严刑拷打，我说的是肉体折磨。我不会等到那时。一旦你受到威胁，我就以自杀阻止他们。……我无须告诉你我这么做不是自我牺牲。我不愿按照他们的条件过活。我不愿服从他们，不愿见你被慢慢杀死。那之后我再没有值得追寻的价值——我不愿过没有价值的人生。"如果一个男人深爱一个女人，不希望在她死后独活，如果他生命中没有比这价值更高的东西，那么以死亡拯救她并不是一种牺牲。

同样的原则也适用于独裁统治下愿意以身犯险实现自由的人。将他的行为称为"自我牺牲"，暗示着他更喜欢过奴隶的生活。愿意为了争取自由付出生命的人是自私的，因为他不愿意继续在一个无法根据自己的判断行动的世界中生活——这样的世界对于他来说已经不具备人类生存的条件。

一种行为是否自私应客观判断：不是行为主体的感觉决定的。感觉不是认知工具，也不是伦理准则。显然，个体必须出于某种个人的动机，必须——在某种意义上——"想要"做某事，才会行动。一种行为是否自私不在于个体是否想要这么做，而在于他为何想这么做。个体根据什么标准选择这种行为？为了实现什么目标？

如果一个人宣称，他感觉自己可以通过抢劫或谋杀他人为他人谋福利，人们不会称他的行为无私。出于相同的逻辑和相同的原因，如果个体走上了盲目自我毁灭的道路，他认为自己能够从中获益的感觉并不能证明他的行为是自私的。

如果个体仅仅出于仁爱、同情、责任或无私，为了他人的快乐、愿望或需求放弃某种价值、欲望或目标，而他对这个人不如他对自己放弃之物那么重视，这种行为就是自我牺牲。个体感觉自己"想"这么做的事实，不能证明他的行为是自私的或客观地证实他是其行为的受益人。

比方说，假如一个儿子根据理性标准选择了自己想要从事的工作，但为了取悦希望他做另一份在邻居眼中更体面的工作的母亲而放弃了自己的选择。儿子满足了母亲的愿望，因为他认为这是他的道德责任：他相信，哪怕母亲的要求是不理智的，哪怕这么做就是让自己在痛苦和挫败中度过一生，作为儿子，他的责任包括将母亲的快乐置于自己的幸福之上。"人人自私"学说的拥护者也不能荒谬地声称因为儿子这么做是为了"践行美德"或逃避负罪感，所以这种行为不涉及自我牺牲，是自私的。儿子为何有这样的感觉和欲望的问题被忽略了。情感和欲望不是毫无来由的、不可减损的首要因素：他们是个体接受的前提的产物。儿子完全是因为接受了利他主义伦理才会"想要"放弃自己的事业；他相信为了自己的利益行动是不道德的。这才是指导他行为的原则。

"人人自私"学说的拥护者不否认，人类会因为利他主义伦理的压力故意采取与其长期幸福相违背的行动。他们只是断言，在某种更高的、无法定义的意义上，这些人仍在"自私地"行事。如果"自私"的定义包括或允许与个体的长期幸福相违背的故意行为，该定义就是自相矛盾的。

只有残留的神秘主义思想允许人们相信人可以通过放

弃自己的幸福来追求自己的幸福的这种说法是说得通的。

严重的含混是"人人自私"的观点的根本谬误之所在。一切有目的的行为背后都有动机驱动，这在心理学上是不言而喻的，是一种同义反复。但将"有动机的行为"等同于"自私的行为"，则忽略了人类心理学的基本事实和伦理选择现象之间的区别。这么做逃避了伦理的核心问题：驱动人类的是什么？

真正的自私——真正关注什么对自己有利；接受实现自身利益的责任，不背叛自身利益，抵抗即时的盲目冲动、心情、心血来潮或感觉；坚定地忠实于自己的判断、信条和价值——是一项有分量的道德成就。声称"人人自私"的人这么说，一般是为了表达一种嘲讽和轻蔑。

（1962年9月）

|第|六|章|

在愉悦中体验人生价值

纳撒尼尔·布兰登

对于人类来说，快乐不是一种奢侈，而是一种深层次的心理需求。

快乐（从最宽泛的意义上说）是人生的一种形而上的伴随物，是成功行为的奖赏和结果——正如痛苦是失败、毁灭和死亡的标志。

人通过快乐的状态体验人生的价值，获取生活值得过下去、生命值得努力维持的感觉。为了生存，人必须通过行动实现价值。快乐和喜悦同时是成功行动的情感报偿与继续行动的动力。

而且，因为快乐对于人类具有形而上的意义，愉悦的状态让他直接感受到自己的能力，体验到自己善于应对现实、实现价值和生活的能力。快乐的体验中暗含着这样的感觉："我对我的存在有自主权。"而痛苦的体验则暗含着"我无能为力"的感觉。因为快乐在情感上能够让人感受到自己的能力，所以痛苦在情感上会让人感到无能。

因此，快乐让人类亲身体会到生命是有价值的、自我是有价值的，是人类生存的情感动力。

正如人体的快感疼痛机制是健康或伤病的晴雨表，意识的快乐痛苦机制也基于同样的原则运作，测评什么对他有利、什么对他不利，什么对他的生命有益、什么有害。人类是具有后天意识的动物，人类没有天生的观点，人类有关如何生存的知识不是与生俱来的、永不出错的。他必须选择指导其行为和目标设定的价值标准。他的情感机制会依据他选择的价值标准运作。个体做出利害判断的依据是价值标准，决定他为快乐追寻什么的也是价值标准。

如果个体选择价值导向时犯了错误，他的情感机制不会对其进行纠正：它没有自己的意志。如果个体选择了事实上会让其走向自我毁灭的价值标准，他的情感机制不仅不会拯救他，反而会将他推向毁灭：他会反向设置，做出对自己有害、违背现实、不利于其生命的行为。人类的情感机制就像一台计算机：人类有编写程序的能力，却不能改变其性质——因此，一旦设定了错误的程序，自我毁灭就会像维持生命的行为一样对他产生强烈的情感吸引力，成为当务之急。当然，他有能力修改程序，但只能通过改变自己的价值才能实现。

人的基本价值反映了他对自己和生存的有意识的和潜意识的看法。它们体现了：（1）其缺乏自尊的程度和性质；（2）其对人类是否能够理解并通过行为改变世界的看法，也就是，在他看来世界是仁慈的还是凶恶的。因此，个体为快乐或愉悦所追求的事物能够揭露其内心深处的样貌，是人格和灵魂的标志物。（这里我用"灵魂"一词所指代的是个体的意识和基本驱动价值。）

宽泛地说，人可以在五个（相互关联的）领域体验人生的快乐：创造性工作、人际关系、娱乐、艺术和性。

创造性工作是其中最为基础的：个体通过工作获取自己能够——有本领——掌控生活的感觉，这是享受其他价值的能力的必要基础。没有人生方向或目的的人，没有创造目标的人，必然感到无助和失控，认为自己难以且不适合生存；认为自己不适合生存的人无法享受人生。

有自尊的人——认为人可以通过努力改变世界——的标志之一是大脑进行创造性工作时体验到的深层次的快乐；

他人生的愉悦感源自他对积累知识和提升能力的不懈追求——思考、行动、前进、迎接并克服新挑战——通过不断提升自己的能力获取自豪感。

有的人主要通过从事程式化的、熟悉的工作获取快乐，倾向于并享受按部就班地工作，将没有挑战、不用奋斗或努力视为幸福。这样的人拥有另外一种灵魂：严重缺乏自尊，世界对他来说是不可知的、莫名险恶的，对安全的渴望是他的首要驱动力。这种安全不是通过能力赢得的，而是无须能力的世界中的一种安全。

还有人无法想象工作——任何形式的工作——竟然能使人快乐。他们认为通过努力谋生是迫不得已，只期待着下班之后的快乐时光，沉迷于酒精、电视、台球或女人带来的快感，非清醒状态下的快乐：这种人拥有另外一种灵魂：他们几乎毫无自尊，从不认为世界是可理解的，长期无精打采地对世界充满恐惧并将这种状态视为理所当然，唾手可得的快感的暗淡光芒是他们所获得的唯一解脱和所知的唯一快乐。

还有人从毁灭，而非成就中获取快乐，其行为的目的不是获取能力，而是统治有能力的人：这种人极度缺乏自我价值，因对生存的恐惧而手足无措，其唯一的自我实现方式便是将自己的怨恨与仇恨发泄在与其状态不同、有能力生存的人身上——好像可以通过毁灭自信、强大、健康的人而能摆脱无能、获取能力一样。

驱动理性、自信的个体追求成功的，是对价值的热爱和对实现价值的渴望；驱动神经症患者开展行动的是恐惧和对逃避恐惧的渴望。这种动机上的区别不仅体现在不同类型的人为快乐所追寻的不同事物上，还体现在他们体验到的快乐的性质上。

比方说，以上四种人体验到的情感性质是不同的。任何快乐的性质取决于引起和伴随其发生的精神过程以及相关价值的性质。适当运用意识的快乐和摒弃意识的"快乐"是不同的——正如实现真正的价值、真切地找到对自己能力的自信的快乐，和暂时逃避自己的恐惧和无助的"快乐"是不一样的。自尊的人通过适当地运用自己的能力和在现实中实现真实的价值，体验纯粹的、不折不扣的愉悦——另外三种人与这种愉悦无缘，正如自尊者对被他们称为"快乐"的暗淡模糊的状态也一无所知一样。

同样的原则适用于所有形式的愉悦。因此，在人际关系领域，不同的人体验的快乐、遵循的动机和显露的人格都是不同的：有的人通过寻求智慧、正直和自尊的、与之拥有相同标准之人的陪伴追求快乐，有的人只有和没有原则的人在一起才能够自由地做自己并感到快乐，有的人只有和自己鄙视的人在一起才能自我感觉良好并感到快乐，还有人只有和被他蒙骗和操纵的人在一起才能感到快乐，对最后一种人而言感觉自己手中握有权力，但其实这只是对自己能力的真正自信的一种最低级的、自我陶醉的替代品。

对于理性的、心理健康的人来说，渴望快乐就是渴望彰显自己控制现实的能力。对于神经官能症患者来说，渴望快乐是渴望逃避现实。

再说娱乐领域。比如，一个派对，理智的人将派对视为成就的情感奖励并乐在其中。他只享受实际上有令人愉悦的活动的派对，如见到他喜欢的人，认识他觉得有趣的人，参与内容对交流双方都有价值的对话。但神经症官能症患者"享受"派对的原因可能和实际进行的活动无关；他可能讨厌、鄙视或害怕所有的出席者，表现得像一个吵吵嚷嚷的白痴并偷偷因此感到羞愧，但他认为自己在全情享受派对，因为人们对他颇为赞许，或因为接到参加这个派对的邀请就是社会地位的象征，或因为他人看起来很开心，或因为这个派对让他一晚上不用面对独处的恐惧。

醉酒的"快乐"显然是逃避保持清醒的责任的快乐。那些除了展现歇斯底里的混乱之外别无目的的社交聚会也是如此，醉酒的人到处徘徊，说着胡话，享受一个幻象。在这个虚幻的世界中，目的、逻辑、现实和意识对个体来说都不存在。

从这个角度审视现代的"垮掉的一代"，比如，他们跳舞的样子。我们看到的不是真正享受的微笑，而是空洞呆滞的双眼和不受控制的肢体做出的动作。这一切，带着一种笨拙的歇斯底里，都给人一种无目的、无理性、无思想的感觉。这是摒弃意识的"快乐"。

再看很多人生活中的安静的"快乐"：家庭野餐、女士派对或"茶话会"、慈善义卖和呆板的假期——这些场合对于参与者来说安静而无聊，其价值就在于无聊。对于这些人来说，无聊代表安全的、已知的、惯常的、程式化的——与全新的、激动人心的、陌生的和有难度的相反。

什么是有难度的快乐？要求个人运用自己的思想的快

乐：不是解决问题，而是运用辨别力、判断力和认识力所带来的快乐。

艺术作品能够给人生带来的主要乐趣之一，在于最优秀的艺术作品，表现了事物"可能的、应有的样貌"，能给人类提供宝贵的情感动力。但是，打动个体的艺术品取决于个体最深层次的价值和前提。

个体可以追求对英勇的、睿智的、本领高强的、戏剧性的、有目的的、风格化的、有创意和挑战性的事物的表现，可以追寻欣赏、仰望伟大价值的快乐。他也可以通过琢磨隔壁邻居鸡毛蒜皮的八卦获得满足感，这么做他无须在思想和价值标准方面有任何付出；他感觉自己构思已知和熟悉的事物能让他感到温暖愉悦，渴望以此缓解"满怀恐惧身处无法改变的陌生世界"的感觉。或者，有人会对表现恐怖和人类堕落的作品产生共鸣，一想到自己没有书中吸毒成瘾的人那么糟糕，他们就会欣喜万分；有些艺术品传达的观点是人类是邪恶的，现实是不可知的，存在是难以忍受的，所有人都无能为力，有些人会被这样的作品所吸引，相信自己隐秘的恐惧是正常的。

艺术作品暗含着对存在的看法。个体对存在的看法决定了他会被什么样的艺术作品打动。喜欢《大鼻子情圣》（*Cyrano de Bergerac*）[1]的人和喜欢《等待戈多》（*Waiting for Godot*）[2]的人是截然不同的。

在个体可以获取的各类快乐中，分量最重的就是自豪——个人成就和塑造自我人格带来的快乐。他人的人格和成就带来的快乐是欣赏。这两种反应——自豪和欣赏——最紧密结合的最高表现是爱情。性是爱情的庆典。

这个领域——个体在爱情和性方面的反应——能够充分体现个体对自己和存在的看法。让个体产生爱意、对个体有性吸引力的人体现了个体自己最深层次的价值。

个体在爱情和性方面的反应在两个关键方面体现他的心理：他对伴侣的选择和性行为对他的意义。

自尊、爱自己和生活的人强烈渴望寻找自己欣赏的人——寻找精神上与之相当的爱人。最吸引他的品质是自尊——自尊和对存在的价值的清醒认识。对于这样的个

---

① 埃德蒙·罗斯坦（Edmond Rostand）创作的五幕诗剧（verse play）。该剧以17世纪的巴黎为背景，故事围绕主人公西拉诺的情感问题展开。——译者注

② 爱尔兰作家塞缪尔·贝克特（Samuel Beckett）创作的两幕悲喜剧，1953年首演，是戏剧界的一次真正的创新，也是荒诞戏剧的第一次成功。——译者注

体，性是一种庆祝活动。性的意义是向自己和他/她选择的女人/男人致敬，是个人具体的、亲身体验生存的价值和愉悦的终极形式。

对这种体验的需求是人性中固有的。但是如果个体缺乏通过努力获取这种体验的自尊，他就会假装——他（潜意识中）选择伴侣的标准是她是否能帮助他营造假象，赋予他未曾拥有过的虚假自我价值和未曾体验过的虚假快乐。

因此，个体的喜好反映了他们不同的灵魂：有人被智慧、自信、强大的女性所吸引，被女中豪杰所吸引；有人喜欢不负责任、无助混乱的人，并因其软弱而为自己的阳刚之气感到沾沾自喜；还有人喜欢胆小的女人，她判断力和标准的缺失让他可以随心所欲地行事。当然，同样的原则也适用于女性在爱情和性方面的选择。

性行为，对于将欲望建立在自豪和欣赏之上的人——对于他们来说其带来的愉悦自我体验，这本身就是目的——和用性行为证明自己的男子气概（或女性特质）、排解绝望、对抗焦虑、逃离无聊的人，意义是不同的。

荒谬的是，正是所谓的享乐主义者——那些似乎只为当下的感觉而活的人，那些只想"活得开心"的人——心理上无法享受自身为目的的快乐。患有神经官能症的享乐主义者认为通过进行庆祝，他就会感觉自己有值得庆祝的理由。

缺乏自尊的人的标志之一——其因道德和心理缺陷所受到的真正惩罚——是他的一切愉悦都是通过逃避得来的。他逃避和背叛的两个对象——现实和自己的思想——都是不可逃避的。

鉴于快乐的功能是让人肯定自己的能力，神经官能症患者会陷入难以调和的矛盾：在人的本性的驱动下，他迫切地渴望愉悦，以确认和表达自己控制现实的能力——但他只能通过逃避现实获取快乐。因此他的快乐是行不通的，这样的快乐带给他的不是自豪、满足和灵感，而是愧疚、挫败、无望和羞愧的感觉。对有自尊的人来说，快乐是一种奖励和认可。对于缺乏自尊的人来说，快乐是一种威胁——焦虑的威胁，他担心其虚假的自我价值的摇摇欲坠的基础受到动摇，无时无刻不害怕体系崩塌，自己被迫面对严厉的、绝对的、未知的和无情的现实，并在这种恐惧中越陷越深。

寻求心理治疗的病人最普遍的抱怨就是任何事物都无法为他们带来快乐，他们无法体验真正的愉悦。这就是通过逃避获取快感的原则指向的不可避免的死胡同。

完好地保有享受人生乐趣的能力在道德上和心理上都是了不起的成就。与普遍观点相反，快乐是一项特权，与思想停滞者无缘，只属于不懈感知现实、思想极度清醒的人，是自尊的回报。

（1964年2月）

自私者从不对自己撒谎

安·兰德

妥协是通过双方让步调节相互冲突的要求。这意味着妥协双方都有某些合理的主张并能为对方提供某些价值。这意味着双方都认可一些基本原则作为其交易的基础。

个体只有在具体或特定的问题上，运用双方都接受的基本原则，才能进行妥协。比如，个体可以和卖家就产品价格讨价还价，最终确定一个在个体要求和对方报价之间的数字。在这个例子中，双方都接受的基本原则是交易原则，也就是买家必须向卖家支付购买商品的费用。但如果一方想要获取报酬，而所谓的买方想要免费获取产品，双方就不可能达成任何妥协、协议或进行任何讨论，只能一方完全屈服于另一方。

卖家和强盗不可能达成任何妥协：把自己银器中的一个汤匙主动给强盗不是妥协，而是彻底屈服——承认强盗对个体的财产的所有权。强盗能够提供什么价值或让步作为回报吗？一旦单方面让步的原则被双方接受为两人关系的基础，强盗夺走个体剩余全部财产只是时间问题。

基本原则或根本问题不容妥协。你觉得生和死之间能有什么"妥协"？真和假之间？理性与非理性之间？

然而，今天人们提到"妥协"时，指的不是正当合理的双方让步或交易，而正是背叛自己的原则——单方面屈服于毫无根据的、非理性的要求。这种学说的根源是伦理主观主义（ethical subjectivism）。这种观点认为欲望或冲动是不可减损的首要道德因素，任何个体都有权实现其想要主张的任何欲望，所有的欲望都具有相同的道德正当性，只有对任何事情都让步，对任何人都"妥协"，人类才能共处。根据这样的学说，获益的是谁，吃亏的又是谁，显而易见。

这种学说的不道德——以及"妥协"这个名词在今天的一般用法中暗指背叛道德的行为的原因——在于其要求人将伦理主观主义视为人际关系中高于一切其他原则的基本原则，不惜做出一切牺牲为彼此的冲动做出让步。

问"人生难道不需要妥协吗"这种问题的人，多半无法区分基本原则和某些具体的、特定的愿望。接受与理想有差距的工作不是一种"妥协"，做自己受雇从事的工作时听从雇主的命令不是一种"妥协"，因为吃掉蛋糕而未能保存蛋糕不是一种"妥协"。

正直不是忠实于自己主观的冲动，而是忠实于理性原则。"妥协"不是对个体的舒适的违背，而是对其信仰的违背。"妥协"不是指做个体不喜欢的事情，而是做在他看来邪恶的事情。本身不喜欢音乐的人陪自己的丈夫或妻子去听音乐剧不是一种"妥协"，服从他或她非理性的要求，顺从社会规则，假装信仰某种宗教，宽宏大量地与粗野的姻亲们相处才是；为想法与自己不同的雇主工作并不是一种"妥协"，假装同意他的想法才是；接受出版社的建议——基于其建议的理性正当性——修改手稿不是一种"妥协"，为了取悦出版社或者"大众"，违背自己的评判和标准做出的修改才是。

在这种情况下人们给出的借口往往是——"妥协"只是暂时的，个体会在未来某个不确定的时间恢复正直。屈服于甚至鼓励丈夫或妻子的非理性行为无益于纠正他们的非理性。个体无法通过帮助宣传相反的意见让自己的意见取胜。个体不能先通过撰写垃圾文字积累追随者，"功成名就之后"，再为他们送上文学杰作。如果一开始就感到难以保持对自己信仰的忠诚，那么对于个体来说，一连串的背叛——会助长个体没有勇气抵抗的邪恶力量——不仅不会让捍卫自己的信仰在未来变得更加容易，反而会让其成为不可能的任务。

道德原则不容妥协。"只有死亡才会在食物和毒药的折中下获胜，只有恶魔才会从善与恶的妥协中得利。"①下一次如果想问："人生难道不需要妥协吗？"请将这个问题的真实内涵翻译出来："人生需要为了虚假和邪恶牺牲真实和良善吗？"答案是：假如一个人希望有所成就，而不想自己的人生获得逐步自我毁灭的痛苦岁月，这种妥协正是生活所禁止的。

（1962年7月）

---

① 引自《阿特拉斯耸耸肩》。

|第|八|章|

理性的自私

安·兰德

我仅从一个单一、基本的方面对这个问题进行回答。我只提出一条原则，它的反面在当今世界如此盛行，应该为邪恶在世上的蔓延负责任。该原则是：个体决不能不表达自己的道德评判。

没有什么能像道德不可知论（moral agnosticism）的戒律这样彻底地腐蚀和瓦解文化或一个人的性格。该理论认为，个体不得对他人进行道德评判，个体必须在道德上容忍一切，善恶不分才是善。根据这样的戒律，谁获益谁吃亏一目了然。同时放弃赞美人的美德和谴责人的恶行，给予人的既不是正义也不是平等待遇。你中立的态度表明，事实上，你对为善者和作恶者一视同仁——你会背叛谁，又会鼓励谁呢？

但是表达道德评判是一项重大的责任。要评判他人，个体必须拥有无可指摘的人格；个体无须无所不知或绝对正确，这不是知识错误的问题；个体应刚正不阿，也就是对有意识的、故意的邪恶零容忍。正如法庭上的法官面对不确定的证据可以犯错，却不能逃避现有的证据，不能接受贿赂，不能让个人感觉、情感、欲望和恐惧妨碍其思想对现实事实的评判——因此每个理性个体在其自己的思想法庭中必须坚持同样严格和庄重的正直。个体在其中所承担的责任比在公共法庭里还要重大，因为只有他，评判人本身，知道自己是否行为不端。

然而，个体评判是有上诉法庭的，即客观现实。每次发表裁决，法官都要接受审判。只有在如今这个不道德的犬儒主义、主观主义和流氓行径盛行的世界中，个体才会以为自己可以随意发表任何非理性的评判，并不承担任何后果。然而，事实上，个体应该因其发表的评判而受到评判。他谴责或颂扬的事物存在于客观世界中，他人可以对其进行独立评估。个体的谴责和赞美体现了他的品性和标准。

很多人因为害怕这种责任而采取不加判断的道德中立

态度。"你们不要论断人，免得你们被论断"①的戒律最能体现这种恐惧。但这样的戒律，实际上，是对道德责任的放弃：是给他人开道德上的空白支票，以换取他人以同样的方式对待自己。

个体无法逃避人必须做出选择的事实；只要人必须做出选择，就逃不开道德价值；只要涉及道德价值，保持道德中立就是不可能的。如果不谴责折磨他人的那些人，就必然成为那些折磨和谋杀受害者的帮凶。

在这个问题上个体应该采用的道德原则是："评判，并做好被评判的准备。"

道德中立的反面不是对所有不符合个体心情、背熟的口号或瞬间的判断的观点、行为和个人加以盲目的、随意的、自以为是的谴责。不加判断的容忍和不加判断的谴责不是对立的，而是同一种逃避的两个变体。宣称"所有人都是白的"或"所有人都是黑的"或"所有人都非黑非白，而是灰的"不是道德评判，而是逃避道德评判的责任。

---

① 出自《圣经·马太福音》。——译者注

评判指的是根据抽象的原则或标准对特定的实体进行评估。这不是一项简单的任务，不是一项可以依赖自己的感觉、"本能"或直觉自动完成的任务。它需要最精确、最严谨、极致客观和理性的思想过程。理解抽象的道德原则可能相对容易；将其应用于某种情景中可能很难，尤其是涉及他人品性的时候。发表道德评判时，无论是表扬和谴责，个体都应该做好准备回答"为什么"并向自己和任何理性的问询者解释自己评判的理由。

坚持表达道德评判的原则并不意味着个体必须将自己视为肩负"拯救所有人的灵魂"的责任的传教士，也不意味着个体一定要逢人就主动对其进行一番道德评估。该原则指：①个体必须清楚地知道自己对每个人、每个问题和每个事件的道德评价，将其整合为完整的、可用语言表达的形式，并据此行事；②个体必须在从理性角度判断合理的情况下，对外表达自己的道德评判。

这意味着个体不必无端地进行道德谴责或辩论，但在沉默客观上会被解读为对邪恶的认同或准许情况下，个体必须发声。和非理性的人打交道时，争辩是徒劳的，一句

"我不同意你的看法"就足以消除任何道德容忍的嫌疑。和相对理性的人打交道时，完整地陈述自己的看法在道德上可能是必要的。但是任何情况下，个体都不应在自己的价值受到攻击或谴责时保持沉默。

道德价值是人类行为的驱动力。个体通过发表道德评判，保护自己感知的清醒和其做出选择所依赖的理性。认为自己所面对的是人类知识错误还是邪恶，对于个体来说是有区别的。

请注意很多人因为害怕发现他们接触的人——他们的"所爱之人"、朋友、商业伙伴——不仅是错误的，还是邪恶的，通过逃避、找理由或施压，让自己的大脑进入一种盲目的昏昏沉沉的状态。这种行为不仅是错误的，还是邪恶的。这种恐惧让他们默许、助长和传播他们不敢指出的邪恶。

如果人们不沉迷于这种不自重的逃避行为——声称卑劣的撒谎者"没有恶意"，无赖"别无选择"，少年犯"需要爱"，罪犯"不知道还能怎么做"；如果人们不沉溺于此类卑鄙的逃避，那么过去几十年，甚至过去几个世纪的历史将完全不同。

请注意道德中立会造成对邪恶渐进式的同情和对美德渐进式的敌对。想方设法不承认恶是恶的人，会逐渐认为承认善是善是危险的。对于他来说，道德高尚之人可能对他的种种逃避造成威胁——尤其是涉及需要其表明立场的、与正义息息相关问题的时候。这种时候，"没有人完全正确或完全错误"或"我凭什么评判他人"的论调就会产生致命的影响。个体的看法从"最糟糕的人也有好的一面"演化成"最优秀的人也有坏的一面"，再变成"最优秀的人一定有坏的一面"，最后变成"人生如此艰难，都怪最优秀的人，他们为什么不闭嘴，他们有什么资格评判他人"。

　　然后，在中年某个阴沉的早晨突然意识到自己已经背叛了年轻时曾崇尚的所有价值，他不知道这一切是如何发生的，关闭大脑拒绝这个问题的答案，急忙告诉自己，他在人生最糟糕、最羞愧的时刻感到的恐惧是正确的，这个世界容不下什么价值。

　　非理性的社会是道德懦夫——失去道德标准、原则和目标的麻木不仁者——的社会。鉴于人类只要活着，就必须行动。这样的社会会被任何愿意为其指明方向的人所接管。引领方向的可能是两种人：一种是愿意承担主张理性价值的责任的人，一种是对责任不屑一顾的流氓。

无论斗争多么艰巨，理性个体面对这样的选项时只有一种选择。

（1962年4月）

自私的灰色地带

安·兰德

今日文化的道德沦丧的最显著的症状之一，是一种颇为流行的对道德问题的态度，"没有黑白，只有灰色地带"是对其最好的概括。

在个人、行为、行为原则和整体道德方面都有这样的主张。在这里"黑白"指的是"善恶"。（流行语中颠倒的顺序在心理学上很有意思。）

无论从什么角度审视，这种说法都是自相矛盾的（其中最显著的是"偷换概念"的谬误）。如果没有黑白，就没有灰色——因为灰色只是黑白的混合。

个体将任何事物认定为"灰色"之前，必须知道什么是黑、什么是白。在道德领域，这意味着个体必须先分辨什么是善、什么是恶。一旦个体确定一者为善，另一者为恶，他就没有理由选择两者的混合。没有理由在明知是恶的情况下选择邪恶。在道德方面，尝试欺骗自己某物是"灰色的"的后果往往就是"黑"。

如果道德规范（比如，利他主义）实际上是无法实践的，那该规范就应该被判为"黑"，其受害者不应被判为"灰色"。如果道德规范宣扬无法调和的矛盾——个体在这个方面选择善，在另一方面就成为恶——该准则就是"黑"，应该被拒绝。如果道德准则无法应用于现实——如果只给出一系列随意的、毫无根据的、与背景脱节的指令和戒律，人们基于信仰接受并自动实践的盲目信条，别无其他指导——其实践者无法被分类为"黑""白"或"灰"：阻碍道德评判使其无法正常运作的道德规范是一个矛盾的说法。

在复杂的道德问题上，个体努力分辨善恶，但最终失败了或犯了无心的错误，他不应被视为"灰色"；道德上，他是"白色"的。知识错误不是违背道德；任何合理的道德规范都不会要求人绝对正确或无所不知。

但是，如果个体为了逃避道德评判的责任，闭目塞听，封闭思想，如果他逃避问题，努力保持无知，他就不能被视为"灰色"；道德上，他是不折不扣的"黑色"。

各式各样的困惑、不确定性和认识论上的怠惰模糊了道德灰色地带学说的矛盾，掩盖了这种学说真正的内涵。

有人认为这种学说只是对"人无完人"之类的陈词滥调的重述——也就是说，每个人都是善恶的混合体，因此，在道德上是"灰色的"。鉴于我们遇到的很多人很可能都符合这种描述，人们不假思索地将其视为某种自然现实并予以接受。他们忘记了道德体系只适用于人类能够选择（也就是运用自由意志）的问题，因此数据普遍化①在此不适用。

如果人类本性是"灰色的"，那么包括道德灰色地带在内的任何道德概念都不适用于他，道德体系就不可能存在。如果个体拥有自由意志，十个（或一千万）人都做出了错误的选择并不意味着第十一个人仍要犯同样的错误；众人的选择和个体的选择之间没有联系，前者不是对后者的佐证。

种种原因造成了很多人道德上的不完美，也就是持有不一致的、矛盾的前提和价值（利他主义道德体系就是

----

① 指利用人口随机样本中的数据，对整个人口的可能参数进行统计计算。——译者注

原因之一），但那是另外一个问题。无论他们出于什么原因做出选择，很多人在道德上是"灰色的"的事实并不能证明人类不需要道德体系或道德上的"白"，甚至恰恰说明这种需要的迫切性。该事实亦不支持认知论上的"以偏概全"，即通过宣称所有人在道德上都是灰色的并以此为理由拒绝承认或实践"白"，从而规避这个问题。也不是对道德评判责任的一种逃避：除非个人决定彻底摒弃道德，认为小骗子和杀人犯在道德上是对等的。即便在这种情况下，个体仍要判断和评估其在个体人格中可能遇到的各种不同的"灰度"。（只有根据定义明确的"黑"和"白"的评判标准才能做出评判。）

有些人有类似的、涉及同样的错误的想法。他们认为道德灰色地带的学说只是对"万事都有两面"的论点的重述。他们对这种观点的解读是，没有人是完全正确的或完全错误的。但这并不是这种观点真正的含义或暗指。其表达的是对一个问题做出评判时，个体应该考虑和听取正反两方的观点。这并不意味着双方的主张是同样可靠的，一方的看法也可能毫无道理。正义往往掌握在一方手上，另一方的观点不过是没有根据的推论（或更糟糕的东西）。

当然，在有些复杂问题上，双方观点可能都是部分正确部分错误的——这种情况最不应"以偏概全地"将两边都归为"灰色"。这种情况要求个体用最严格精确的道德评判对相关的各个方面进行辨别和评估，而这么做的前提是厘清混在一起的"黑"和"白"。

所有这些混淆中的基本错误都是一样的：忘记道德体系只适用于人类能够选择的问题，也就是，忽视了"不能"和"不想"的区别。这导致人们将"没有黑白"这句流行语解读为"人类不可能是完全善或者完全恶的"，他们迷糊被动地接受这种观点，不质疑其涉及的形而上的矛盾。

但如果将这句流行语翻译成其试图偷偷塞进人们头脑中的真正意思——"人类不愿做一个完全的好人或完全的坏人"——能接受的人恐怕很少。

面对这种观点的拥护者，个体首先会说："那是你的个人观点，兄弟！"而事实上，这确实是他的自我表达；无论自觉或不自觉，有意或无意，个体宣称"没有黑白"时就是袒露自己的心声。他所表达的是："我不愿做完全的好人——也不要将我视为完全的恶人！"

正如在认知论中，对不确定性的崇拜是对理性的反叛——在伦理领域，对道德灰色地带的崇拜是对道德价值的反叛。两者都是对现实的绝对主义的反叛。

对不确定性的崇拜无法通过公开反叛理性，从而将否认理性拔高为某种更优越的理性的方式获得成功。同样，对道德灰色地带的崇拜也无法通过公开反叛道德，从而将对道德的否定拔高为一种更优越的美德。

注意这种学说出现的形式：它很少被视为一种伦理理论或讨论的主题并以积极的样貌出现；总是与消极脱不开关系，被用作仓促的反对或责备。说这话的人暗示对方违背了显而易见、无须讨论的绝对法则。它总是被说话人用或惊讶或讽刺或愤怒或愤慨或憎恶至极的语气，以非难的形式抛出来："你肯定不会用黑白分明的方式思考吧？"

很多人会困惑、无助，对道德这个主题感到恐惧，在这种刺激之下，赶紧愧疚地回答："我当然不会。"他们没有停下来思考，理解这种指控所表达的真正含义——"你当然不会那么不公平，而是会区别对待善与恶吧？"或者"你肯定不会邪恶到要追求善吧？"或者"你肯定没有不道德到相信道德的地步吧"。

道德愧疚、对道德评判的惧怕和对不加甄别的宽恕的渴望，显然是这句流行语背后的驱动力。个体只要看一眼现实就足以告诉这种学说的支持者，他们的坦白多么丑陋。然而逃离现实是崇拜道德灰色地带的前提和目标。

　　从哲学上说，这种崇拜是对道德的否定——但是，从心理学上说，这并非相关支持者的目标。他们追寻的不是不道德，而是某种极度不理性、不绝对、流动的、灵活可变的、中庸的道德体系。他们并未宣称自己"超越善恶"，而是渴望保有两者的"优势"。他们不是道德的挑战者，不是中世纪高调的恶魔崇拜者。赋予他们这种独特的现代气息的是他们并不主张将自己的灵魂卖给魔鬼；他们要把自己的灵魂一点一点卖给任意的零散买家。

　　他们不是一个哲学思想学派，他们是哲学缺失的典型产物。这源自造成认知论中的非理性的思想沦丧、伦理学上的道德真空和政治上的混合经济。混合经济是压力团体之间不讲任何原则、价值，完全不考虑正义的不道德战争。这场战争的终极武器是野蛮的力量，外在形式却是一场妥协的游戏。对道德灰色地带的崇拜正是其倚仗的替代道德体系。如今的人们慌乱地对该体系紧抓不放并试图证明它的正当性。

请注意，他们的主要暗示不是对"白"的追寻，而是对被说成"黑"（用黑形容他们其实不无道理）的近乎病态的恐惧。请注意他们在追求一个以妥协为价值标准的伦理体系，企图使人们能够以愿意背叛的价值的多与少来衡量美德。

他们的学说造成的后果和"既得利益"在我们身边随处可见。

请注意文学领域出现了一种名为"反英雄"的概念。这种人物的特点就在于没有过人之处——没有美德，没有价值，没有目标，没有个性，没有意义。这种人物在戏剧和小说中取代了原来的英雄，哪怕他什么也不做，哪里也不去，故事也围绕他的行为展开。请注意，"好人和坏人"的说法成为一种讥讽，越来越多的作品，尤其是电视作品，开始叛离大团圆结局，"坏人"也享有平等的机会，与好人平分胜利。

就像混合经济一样，拥有混乱价值的人可以被称为"灰"；但在这两种情况下，"灰"都不会保持太久，只是"黑"的前奏。可能有"灰色的"人，但没有"灰色的"道德原则。道德体系是黑白分明的规范。一旦个体试图妥协，谁必将受损谁必将获利显而易见。

因此，如果有人质问"你肯定不会用黑白分明的方式思考吧"（内容上，不是具体措辞上的），正确答案是："你说对了，我就是这么思考的！"

（1964年6月）

自私者融不进乌合之众

安·兰德

个体常常听到的有些问题不是哲学疑问，而是心理自白。伦理领域尤其如此。进行伦理方面的讨论时个体尤其一定要检视（或者记住）自己的前提，而且还要学会审视对手的前提。

比如，客观主义者经常听到这样的问题："在自由社会中，大家要为穷人和残疾人做什么？"

这个问题中暗含的利他主义、集体主义前提：人是"自己兄弟们的看护者"，部分人的不幸是其他人要偿还的债务。问这个问题的人忽略或回避客观主义伦理的基本前提，试图将讨论建立在其集体主义思想的基础上。请注意，他没有问"是否应该做"，而是"要做什么"，好像集体主义的前提已经被默默接受，接下来只需要讨论如何执行。

一次，有学生问芭芭拉·布兰登（Barbara Branden）[1]：
"在一个客观主义的社会里，穷人会怎么样？"她回答
道："如果你想帮助他们，没有人会阻止你。"

这是整个问题的核心，完美地展现了个体如何拒绝以
对手的前提为基础进行讨论。

关于何时及在什么条件下个体在道德上应该帮助他人
的问题，请参见《阿特拉斯耸耸肩》中高尔特的讲话。我
们在这里关心的是将此问题复杂化，当作"整个世界"的
问题或责任的集体主义前提。

鉴于自然不自动保证个体的安全、成功和生存，只有
利他主义、集体主义规范，用专断的傲慢和吃人的道德允
许一个人相信（或漫不经心地妄想）他能够以他人为代价
为部分人提供安全保障。

如果一个人问"社会"应该为穷人做些什么，他就因
此接受了集体主义的前提，即个体生命属于社会。而他，

---

① 芭芭拉·布兰登（1929—2013），加拿大作家、编辑和讲师，曾是纳撒尼
尔·布兰登的妻子，因与安·兰德的关系和后来的决裂而著名。芭芭拉和
纳撒尼尔因对兰德作品的共同兴趣而相识，后来成了兰德和她的丈夫的朋
友。获得哲学硕士学位后，芭芭拉成为推广兰德思想的客观主义运动的创
始人之一。——译者注

作为社会的一员，有权处置这些生命，设定他人的目标或计划如何"分配"他们的努力。

这是这些问题和很多类似议题暗含的心理自白。

它至多揭示个体的心理认知上的混乱，揭示一种可以被称为"僵化抽象的谬误"的谬误。这种谬误指的是用某个特定的具体事物替代其所属的更广泛的抽象类别——在这里，是用一种伦理（利他主义）替代更为广泛抽象的"伦理"。因此，个体可以拒绝利他主义理论，主张自己接受了理性规范，但个体没有真正内化这些观点，依然不加思考地用利他主义确立的术语应对伦理问题。

然而，更多的时候，这种心理自白揭示了更深层次的罪恶：揭示了利他主义能够严重侵蚀个体对权利或个人生命价值的概念的把握能力；揭示了现实在个体大脑中已经被抹去了的现象。

谦卑和自负往往是同一个假设的两面，共同顶替自尊，存在于集体主义的心态中。愿意做他人达成目标的垫脚石的人，必然将他人视为实现自己目的的工具。他的神经症越是严重，越是认真实践利他主义（其心理的这两方面会相互助长），他就越会为"全人类的利益"或"社会""大众""子孙后代"及真实人类之外的任何东西的福祉设计计划。

因此，人类轻率至极地提出、探讨、接受用政治手段，也就是强制，对无数个人推行的"人道主义"项目。如果说，根据集体主义的讽刺描述，贪婪的富人以"价格不是问题"为前提沉迷于奢靡无度的物质世界中；那么，如今的集体主义心态所带来的社会进步，就是以"人类生命不是问题"为前提沉溺于利他主义的规划中。

这种心态的标志是脱离背景、费用或手段，鼓吹一些宏大的共同目标。脱离了背景，这样的目标往往显得很诱人；必须是针对公众的，因为费用不是个人赚来的钱，而是征用他人的财产；并且必须用浓厚的毒雾笼罩其实施手段——因为它是以付出人的生命为手段的。

"医疗"是这种项目的一个例子。"老人生病时能够得到医疗救治难道不是很好吗？"其拥护者大声疾呼。脱离背景考虑，答案是：是的，很好。谁会说不好呢？此刻相信集体主义思想的大脑的思考就停滞了，其余的一些都是迷雾。他眼中只有目标——目标是好的，不是吗——不是为我自己，而是为他人，为大众，为无助的、病弱的人们……迷雾掩盖了医学被奴役并因此被毁灭，一切医疗活动被严格控制和瓦解的事实，以及保证这个"理想"目标实现的人——医生——在职业操守、自由、事业、抱负、成就、快乐和人生方面做出的种种牺牲。

几百年的文明让很多人——罪犯除外——认识到以上这种思想态度在个人生活中是不现实且不道德的，不能被用于实现个人目标。如果某个年轻的无赖表示："拥有游艇，住在豪华顶楼公寓里喝香槟难道不好吗？"顽固地拒绝考虑他为了实现自己"可取的"目标抢劫了银行并杀死了两名守卫，人们评价他的道德品质时不会出现什么分歧。

这两个例子道德上没有区别：受益人的数量不改变行为的本质，只会增加受害者的数量。事实上，单个无赖还拥有一点道德优越性：他没有破坏整个世界的力量，他的受害者并没有依法被解除武器。

利他主义的集体主义伦理让人类对其共同或政治存在的看法不受文明进步的影响，成为一块野生动物保护区一般的、遵循野蛮的史前习俗的保留地。如果说人类在私下相互交往时展现了少许对个人权利的尊重，这一丝曙光一旦涉及公共问题便消失了——跃上政治舞台的是野蛮人，他不明白为何部落不能随心所欲地把个人的头骨敲碎。

这种部落思想的显著特征是：不经证明，几乎"本能地"将人类生命当作某个公共项目的饲料、燃料或手段的看法。

这就是背离现实——对现实野蛮、盲目、可怕、血腥的背离——的本质，信仰集体主义的灵魂的驱动力。

他们所有"可取的"目标中暗含的没有答案也无法回答的问题是：以谁为对象？欲望和目标都会预先假定受益人。科学不好吗？对谁来说？科学对于死于传染病、脏乱、饥饿、恐怖来说毫无意义，聪明的年轻人从围绕地球运行的太空舱中向地球挥手时，农奴们还在猪圈一般的环境中生活。对于为了送儿子上大学拼命工作、最终死于劳累过度引发的心脏衰竭的父亲来说，科学没有意义；对于上不起大学的男孩、因车太旧故障太多导致车祸的夫妇、因没钱让自己的孩子进入最好的医院治疗而最终失去孩子的母亲、所缴税款被用于支持资助科学和公共研究项目的任何人来说，科学都没有价值。

只有当其拓展、丰富、保护人类生命时，科学才具有价值。不能脱离背景谈价值，任何事物都是如此。"人类生命"指的是个人单一的、特定的、不可替代的生命。

只有人类能够自由运用和享受已有知识所带来的好处时，发现新知识对人类才有价值。新发现对于所有人来说都具有潜在价值，但不能以牺牲人的实际价值为代价来获取。某种向无限延伸、却不能让任何人受益的"进步"，是荒诞至极的。如果部分人"征服宇宙"是通过占用连一双鞋都买不起的人的劳动成果实现的，那这种进步就是荒谬的。

进步只应来自人的盈余，也就是说，追求进步的人凭借自己的能力所创造的应该多于其个人所需消费的，必须在思想上和经济上有能力冒险追求新知识。

只有在被集体主义思想占据的大脑中形成的、固化的错误现实中，生命才是可以互换的——只有这样的大脑才会认为为了公共科学、公共产业或公共音乐会，为尚未出生的后代带来的所谓的利益，牺牲现在在世的人是"道德的"或"可取的"。

这样的等待无穷无尽——大规模献祭式牺牲的受益者永远不会出生——正如历史所展示的，献祭动物只繁衍新批次的献祭动物，被集体主义侵占的大脑用迷离的双眼有恃无恐地凝视前方。他们为了未来的鬼魂杀死现在在世的人类。在他们眼中，个人是不存在的。

这就是胆小鬼的灵魂中现实的状态。这种人满心嫉妒地看着实业家们所取得的成就，梦想如果所有人的生命、努力和资源都能由他处置，自己就能建造美丽的公园。

（1963年1月）

永不将个人意愿强加于人

安·兰德

个体如果想了解自由与当今知识分子的目标的关系，可以用以下事实来衡量：个人权利的概念被回避、扭曲、歪曲，很少被讨论，所谓的"保守派"尤其极少探讨这个主题。

"权利"是一个道德概念，是指导个人行为的原则和指导个人与他人关系的原则之间的逻辑过渡，在社会环境中维护和保护个人道德体系，是个人的道德规范和社会的法律规范之间的、伦理和政治之间的联系。个人权利是让社会服从伦理法则的手段。

人类历史上占主导地位的伦理学说是让个人服从某种——神秘主义的或社会的——更高的权威的利他主义集体主义学说。在所有这样的系统中，道德体系只适用于个人，不适用于社会。社会被置于道德法则之外，是道德法则的化身、源头或唯一解读者。灌输自我牺牲的社会责任被视为人活在世上的主要伦理目的。

所有过去的系统都将人视为实现他人目标的牺牲手段，认为社会本身即为目的。过去所有系统都认为人的生命属于社会，社会可以任意处置个人的生命，其享受的任何自由都是一种社会赐予的恩惠，可以随时被收回。

"权利"是在社会环境中界定和裁决个人的行动自由的道德原则。根本权利只有一种（所有其他的都是其结果和衍生物）：人对自己生命的权利。生命是一系列自我维持、亲自创造的行为；对生命的权利指从事自我维持和亲自创造行为的权利，也就是个体为维持、延续、充实、享受自己的生命采取一切必要行动的自由（这就是生命、自由和追求幸福的权利的含义）。

"权利"的概念只涉及行为，具体来说，行为自由。它指的是不受他人暴力强迫、胁迫或干涉的自由。

因此，对于每个人来说，权利是一种肯定式的道德认可，认可其根据自己的判断、目标，自愿地、不受胁迫地选择行动的自由。对于他周围的人来说，除了一种否定式的义务——个人权利应该不受他人侵害——之外，个人权利还包括不向他人强加任何意愿的义务。

生命权利是一切权利之源，财产权是一切权利唯一的实现。没有财产权，就不可能有其他权利。鉴于人必须通过自己的努力维持自己的生命，无权拥有其劳动果实的人无法维持自己的生命。劳动果实由他人处置的人是奴隶。

请记住，财产权，和其他所有权利一样，是行动权：不是有权拥有某个物件，而是有权创造或通过自己的努力获取该物件。不是确保个体会获取某项财产，只是确保个体能够拥有他挣得的财产，是获取、保有、使用、处置物质价值的权利。

个人权利的概念在人类历史上出现得很晚，很多人至今尚未完全理解这个概念。然而，事实上，权利的源头是人类的天性。

侵害个体的权利意味着逼迫他违背自己的判断行动，或侵占他的价值。基本上，实现侵犯人权的方式只有一种：使用暴力。

在文明社会中，人与人交往时不得诉诸武力。在物质方面，掠夺一个国家的财富是通过使其货币通货膨胀来实现的。而我们现在可以看到，通货膨胀的手段也被应用于权利领域。在这一过程中，越来越多的新"权利"被宣扬，而人们没有注意到这个概念的内涵被颠覆了。正如劣币驱逐良币，这些"纸上谈兵的权利"否定了真正的权利。

请注意这个有意思的事实，两种矛盾的现象——所谓的新"权利"和奴隶劳工营——同时在全球范围内扩散的情况是前所未有的。

其中的"奥妙"是将权利的概念从政治领域转移到经济领域。

1960年的美国民主党党纲大胆明确地总结了这一转变。其宣称，民主党政府"将重申富兰克林·罗斯福十六年前写进我们国家良心的经济权利法案"。

阅读该党纲中列出的清单时，请谨记"权利"概念的含义。

一、有权在国家工业、商店、农场或矿井中从事有用和有报酬的工作。

二、有权获得足够的收入以换取足够的食物、衣服和娱乐。

三、每个农民都有权利培育和销售自己的产品并获得回报，以使他和他的家人过上体面的生活。

四、每个商人，无论大小，都有权在自由的环境中交易，在国内外均不受不正当竞争的影响和垄断的支配。

五、每个家庭都有权享有得体的住房。

六、有权获得足够的医疗护理，有机会实现和享受健康。

七、有权得到充分的保障，在经济上无须因衰老、疾病、意外和失业而忧虑。

八、有权获得良好的教育。

对以上八项条款提出疑问就能清楚地暴露其中的问题：以什么为代价实现这些权利？

工作、食物、衣服、娱乐、住房、医疗、教育等不是自然中长出来的，这些都是人造价值——人创造或提供的商品和服务。那么，谁来提供它们？

如果部分人有权享有他人的劳动果实，那么这些"他人"就被剥夺了权利，沦为了奴隶劳工。所有个体所谓的"权利"，如果侵犯另一个体的权利，就不是也不可能是一种权利。

任何人都无权将未被选择的义务、没有回报的责任和非自愿的奴役强加于另外一人。"奴役的权利"是不存在的。

权利不包含由他人在物质上实现该权利，只包含用自己的努力获取该成果的自由。

生命权意味着个体有权通过自己的努力（在其能力能够企及的任何经济高度上）维持自己的生命，这一权利不代表他人必须为他提供生活必需品。财产权指的是有权采取经济行动赚取财产并对其进行使用和处置，这一权利不代表他人必须为他提供财产。

自由言论权指的是个人有权表达自己的思想，并不意味着他人要为其提供表达想法的报告厅、电台或者印刷机。

任何涉及一人以上的事务，都需要征得每个参与者的自愿同意。每个人都有权做出自己的决定，但都无权将自己的决定强加给他人。

不存在"工作权"，只有自由交易的权利。也就是如果他人选择雇用他，个人有权接受一份工作。没有"住房权"，只有自由交易的权利，建造或购买住房的权利。如果没有人愿意付钱雇用某人或购买其产品，就没有"'公平'工资权"或"'公平'价格权"。如果没有生产者愿意生产牛奶、鞋子、电影或香槟，个体就没有拥有这些产品的"消费者权利"（只有自己生产这些产品的权利）。没有特殊群体的"权利"，没有农民、工人、商人、雇员、雇主、老人、年轻人、尚未出生的人的"权利"。只有人权——每个人和所有人作为个人拥有的权利。

财产权和自由交易权是人类仅有的"经济权利"（它们其实是政治权利），而且"经济权利法案"之类的东西是不可能存在的。但是请注意后者的支持者毁灭了前者。

请记住权利是界定和保护个人行动自由的道德原则，但不意味着向他人强加任何义务。公民个人对彼此的自由权利不造成威胁。用暴力侵犯他人权利的公民个人是罪犯——人类有保护个人不受侵害的法律。

鉴于显然不可能为每一名要求者都提供一份工作、一个麦克风或一个报纸专栏。当所有者的选择权被废除时，谁来决定"经济权利"的分配，选择受益人呢？米诺先生给出了相当明确的答案。

如果你错误地认为这只适用于大宗财产所有者，你最好弄清楚"经济权利"理论涵盖每一名未来的剧作家、每一名"垮掉的一代"诗人,每一名制造噪声的作曲家和每一名缺乏理性的艺术家,即便你拒绝为他们的作品买单,他们还是有权获得经济补助。那么,用你缴纳的税金补贴艺术发展的项目还有什么意义?

(1963年4月)

挣脱"集体主义"的枷锁

安·兰德

权利是界定适当的社会关系的道德原则。正如个体为了生存（为了行动、选择正确的目标并实现目标）需要道德规范，社会（一群人）也需要道德原则，以组建符合人的本性及其生存需求的社会体系。

正如个体能够逃避现实，在任意时刻的盲目冲动的驱动下行动，除了逐渐自我毁灭外一事无成，社会也能够逃避现实，其组建的体系被其成员或领导的盲目冲动、任意时刻的多数派、风头正劲的煽动者或永久的独裁者所驱使。然而这样的社会除了暴力统治和逐渐自我毁灭的状态之外不会达成任何成就。

政治领域的集体主义就是伦理领域的主观主义。正如"我所做的任何事情都是正确的，因为我选择了这样做"的看法不是道德原则，而是对道德的否定，"社会所做的任何事情都是正确的，因为社会选择了这么做"也不是道德原则，而是对道德原则的否定、在社会问题上对道德的排斥。

当"权力"与"权利"对立时，"权力"的概念只有一种内涵——暴力。其实暴力不是一种"力量"，而是最无药可救的无能状态；只是毁灭的"力量"；是一大群动物疯跑疯踩的"力量"。

然而这正是今日多数知识分子的目标。追溯其所有概念替换的根源，还能找到另一种更为根本的替换：将个人权利的概念替换为集体权利，也就是将"个人权利"替换为"一群暴民的权利"。

鉴于只有个人能够拥有权利，"个人权利"的表达是冗余的（在如今混乱的思想世界中我们为了清楚表达才不得不用这个词），但"集体权利"的表达是自相矛盾的。

任何团体或"集体"，无论大小，都是多个个人组成的。一个团体除了其成员的个人权利外，不能拥有其他权利。在社会中，任何团体的"权利"都来自其成员的权利，建立在成员自愿的个人选择和契约协议上，只是将这些个人权利运用于某项具体的事业。一切正当的团体活动都基于其成员的自由结社权和自由交易权。（"正当的"指的是不涉及犯罪行为的、自由组建的，也就是没有成员是被迫加入的。）

比如，工业企业的经营权来自其所有人向生产活动投资的权利，来自其雇用员工的权利，来自雇员售卖其服务的权利，来自所有参与者生产和销售自己的产品的权利，来自顾客购买（或拒绝购买）这些产品的权利。这个复杂的契约关系链中的每一个环节都是以个人权利、个人选择、个人同意为基础的。每一项协议都是界定清晰的、特定的、有一定条件的，也就是依赖于互利的交换。

社会中的所有正当团体或组织——合作关系、商业公司、专业协会、工会（自愿成立的）等——均是如此。这也适用于所有代理协议：一个人代理他人的权利来自被代表者的权利，并由他们自愿选择，为了特定的、具体的目标，授权于代理者，比如，律师、商业代表等。

团体没有权利。个人加入团体不获得新权利也不失去他已有的权利。个人权利的原则是所有团体或组织的唯一道德基础。任何不认可该原则的团体都不是一个组织，而是黑帮或暴民团体。

任何不认可个人权利的团体活动学说都是赞成暴民统治或私刑合法化的学说。

"集体权利"的概念（权利属于团体而非个人的观点）意味着"权利"属于部分人，但不属于其他人——部分人有"权利"随心所欲地处置他人——决定这种特权地位的标准包括人数优势。

没有什么能够证明上述这种学说是正当的、正确的，也没有人做到过。这种学说，和其源头利他主义道德体系一样，是构建在神秘主义的基础上的：信仰超自然命令的传统神秘主义，或社会神秘主义。现代集体主义者将社会视为超级组织，某种独立于并高于其个体总和的超自然实体。

国家和任何其他团体一样只是多个个体组成的团体，不能拥有其公民个人所拥有的权利之外的其他权利。一个认可、尊重、保护其公民的个人权利的国家，在领土完整、社会制度和政府形式方面拥有权利。这样的国家的政府不是统治者，而是其公民的服务者或代理人，除了其公民为特定的、界定清晰的任务授予其的权利外，没有其他权利。

当一个国家的宪法将个人权利置于政府权力的管辖范围之外时，政治力量的范围就会被严格界定——因此公民可以安全和正常地同意在划定的范围内遵循很多人的决定。少数或异见者的生命和财产不会受到威胁，不取决于投票结果，不会被很多人的决定所危害；没有人或团体手持凌驾于他人之上的空白权力支票。

这样的国家拥有主权（来自其公民的权利）和要求其主权得到其他国家尊重的权利。

正如个人自由行动的权利不包括犯罪（也就是，侵犯他人的权利）的"权利"，国家决定本国的政府形式的权利不包括建立奴隶社会（也就是，使部分人奴役他人合法化）的权利。"奴役他人的权利"不存在。国家能够这么做，正如个人能够成为罪犯——但这不是国家或个人的权利。

奴隶社会无论是被迫还是自愿形成的，都不能声称拥有国家权利，这样的"权利"也得不到文明国家的承认——正如黑帮团体不能以其成员一致选择从事某种团体活动为理由，要求其"权利"受到承认，要求其在法律上与工业企业或大学具有平等的地位。

正如打击犯罪的警察无权从事犯罪活动，侵略和毁灭独裁统治的侵略者也无权在被征服的国家建立奴隶社会的另一个变种。

奴隶国家没有国家权利，但其公民的个人权利即便没有得到认可却仍然有效，侵略者也无权侵犯。

（1963年6月）

政府的适当职能

安·兰德

政府是在特定的地理区域内唯一有权执行某些社会行为规则的机构。

人类需要这样的机构吗？为什么？

鉴于人类的头脑是其生存的基本工具、其获取指导行为的知识的手段，他的基本需求是思考和根据自己的理性判断行动的自由。这并不意味着个人必须独自生活，荒岛是最适合其需求的环境。个人可以通过与他人交往获得巨大的利益。社会环境最有利于人类的成功生存，但必须满足一定的条件。

个体从社会存在中获取的两大价值是：知识和交易。人类是唯一可以在世代之间传递和扩展其知识储备的物种；个体在其一生中亲自积累的知识和其能够获取的潜在知识总量相比可谓微不足道；每个人都从他人发现的知识中受益匪浅。第二大价值是劳动分工：让个体得以专注于某个领域的工作，与专注于其他领域的个体进行交换。与个人在荒岛或自给自足的农场独立生产自己所需的一切相比，这样的合作形式使所有参与者都能从自己的努力中获得更多的知识、技能和生产回报。

但这样的收益说明、界定和定义了什么样的个体在什么样的社会中对彼此有价值：必须是理性的、从事创造的、独立的人在理性的、有创造活动的社会中。[1]

掠夺个人的劳动成果，对其进行奴役，试图限制其思想的自由，逼迫其违背自己的理性评判的社会——在法令与人性需求之间制造冲突的社会——从严格意义上来说，不是社会，而是被制度化的黑帮法则聚合在一起的暴民。

如果人类要在一个和平的、效益好的、理性的社会

[1] 引自《客观主义伦理学》第一章。

中共存并为共同获利相互交往，就必须接受道德社会或文明社会不可或缺的基本社会原则：个人权利的原则（见第十一章和第十二章）。

承认个人权利意味着承认并接受人类本性所要求的正常生存所需的条件。

只有运用暴力才能侵犯人的权利。一个人只有使用暴力才能夺走另一个人的生命，或对其进行奴役、抢劫，或阻止其追寻自己的目标，或逼迫其违背自己的理性判断。

文明社会存在的前提是禁止在社会关系中使用暴力，以理性——讨论，说服，自愿的、不受强迫的认同——为人与人交往的唯一手段。

自卫权是个体生命权的必然产物。在文明社会中，只有在报复时才能对率先使用暴力的人使用暴力。根据同样的原则判断，率先使用暴力是邪恶的，在报复时使用暴力在道德上则是必要的。

如果某个"和平主义"社会放弃在报复时使用武力，它会无助地被第一个决定违背道德的流氓所摆布。对于这样的社会来说，最终的结局往往与其初衷背道而驰：邪恶非但没有被消灭，反而得到了鼓励和奖励。

如果社会不能有组织地保护其成员不受暴力侵害，就会迫使每一个公民武装自己，把自己的家变成堡垒，射杀任何靠近其家门的陌生人，或者加入保护性市民团伙，与其他因同样情形建立的团伙作战，由此让社会陷入帮派统治——也就是暴力统治、史前野蛮人持续不断的部落战争——的乱状。

对暴力的使用哪怕是报复性的，也不能由公民个人决定。如果个体不得不一直都生活在随时可能被邻居攻击的暴力威胁之下，和平共存是不可能的。无论其邻居的意图是好是坏，无论他们的判断是理性的还是非理性的，无论他们的动机来源于正义感、物质、偏见还是恶意，对一人使用武力不能由另一人任意决定。

想象一下这样的社会：一个人找不到自己的钱包，认为钱包被人偷走了，便闯进附近的每一座房子搜查，射杀了第一个瞪了他一眼的人，因为在他看来对方的表情就是有罪的证明。

运用暴力需要客观的证据规则来确定犯罪行为的发生和证明犯罪是谁实施的，也需要客观规则界定惩罚和惩罚执行的程序。不遵循这些原则尝试打击犯罪的人是实施私刑的暴民。如果社会让公民个人掌控报复性地运用暴力的权利，就会陷入暴民统治、私刑法制和无休止的血腥私仇或仇杀。

如果要禁止个体在社会关系中使用暴力，人类需要一个负责根据客观规则体系保护他们权利的机构。

在适当的社会制度中，个体个人在法律上有实施任何行为的自由（只要他不侵犯他人的权利），而政府官员凡是执行公务就受法律的约束。除了法律上禁止的，个人什么都可以做；而政府官员只能做法律允许的事情。这是让"权力"服从于"权利"的手段。

保护个人权利是政府唯一的正当目的，因此也是立法的唯一适当主题：所有法律必须以个人权利为基础，以保护个人权利为目标。所有法律必须客观（客观上可证明正当性的）：在采取行动之前，人必须清楚，法律禁止他们做什么（为何禁止），什么构成犯罪和如果犯罪将会受到何种惩罚。

政府权威的来源是"被统治者的同意"。这意味着政府不是统治者，而是公民的服务者或代理；这意味着除了公民为某特定目的授予其的权利，政府不具备其他权利。

个体如果想在一个文明的社会中生活就必须认同一项基本原则：放弃使用武力并将用武力自卫的权利授予政府，以确保该权利得到有序的、客观的依法执行。或者，换句话说，个体必须接受暴力和冲动（任何冲动，也包括他自己的）的分离。

　　在社会中，与他人打交道不是强制的。个体在自愿的基础上与他人交往，涉及期限时，则签订合同。如果一方的随意决定破坏合同，就可能给另一方造成灾难性的经济损失；受害一方除了没收违约方的财产作为赔偿外，别无他法。但是在这种情况下，暴力的使用也不能由个人来决定。这就引出了政府最重要也最复杂的职能之一：按照客观规则解决人与人之间的纠纷的仲裁职能。

　　罪犯在任何半文明社会中都是少数。但是，通过民事法庭确保合同得到保护和执行是和平社会最重要的需求；没有这样的保护，任何文明都无法发展或维持。

　　人无法像动物一样凭一时的冲动行动。人必须在一定时间范畴内设定和实现自己的目标，必须从长远角度考虑自己的行为并计划自己的人生。文明越复杂越高等，其所需要的计划的时间范畴就越长远，因此人与人之间合同协议的时效越长，他们对确保此类协议的安全性的需求也就越迫切。

如果一个人同意用一蒲式耳①土豆换取一篮鸡蛋，拿到鸡蛋后又拒绝交出土豆，那么就连原始的以物换物的社会都无法运作。在工业社会，人们可能以赊账的方式交付价值十亿元的商品，签约建造价值数百万元的建筑，或签订有效期九十九年的租约，请想象凭冲动行事在这样的社会中意味着什么？

单方面违约涉及一种对暴力的间接运用：其实质上是个人获取物质价值、商品或服务后，拒绝支付代价并由此强行在不具备所有权的情况下，保留它们——也就是，在未取得所有者许可的情况下占据它们。欺诈涉及类似的对暴力的间接运用：涉及在虚假行为或承诺的基础上未经所有者同意获得物质价值。敲诈是间接运用暴力的另一个变种：是通过武力、暴力或伤害的威胁，而非价值交换，获取物质价值。

此类行为中的一部分显然是犯罪。其他的，比如，

---

① 1 蒲式耳在美国约合 35.2 升。——译者注

单方面违约，可能不是以犯罪为初衷的，而是不负责任和非理性造成的。还有一些可能是复杂的问题，双方都有道理。但不管是什么情况，所有这些问题都必须服从于客观制定的法律，必须由一名公正的仲裁者运用法律解决，也就是由法官（和陪审团，如需要）裁决。

请注意在所有这些情况下维护正义的基本原则是：任何个体不得在未征得所有者同意的情况下从他人处获取任何价值；还有，个体的权利不能被他人的单方面决定、随意选择、非理性或冲动所左右。

从本质上讲，这是政府的正当目标：通过保护个人利益和对抗人类可能对彼此实施的恶行让人类得以在社会中生存。

政府的适当职能可分为三大类，它们都与暴力和保护个人权利的问题有关：保护个人不受罪犯侵害的警察，保护个人不受外国侵略者侵害的军队，根据客观法律解决人与人之间的纠纷的法庭。

这三个类别涉及很多必然结果和衍生问题——它们以具体的立法形式在现实中的执行非常复杂，其属于一个特定的科学范畴：法律哲学。在执行领域可能会出现很多错误和很多分歧，但最重要的是执行时贯彻的原则：法律和政府的宗旨是保护个人利益的原则。

如今，该原则被遗忘、忽略和回避了。这么做的后果就是如今世界的状态——人类向专制暴政退化，向暴力统治的野蛮原始状态退化。

有些人不加思考地反对这种趋势，有些人质疑政府是否本质上就是邪恶的，无政府主义是不是理想的社会制度。无政府主义作为一个政治概念是天真的、不切实际的抽象概念：基于上述所有原因，社会如果没有有组织的政府，就会遭到最先出现的罪犯控制，陷入帮派战争的混乱。但人类不道德的可能性不是反对无政府主义的唯一理由：即便社会的每一位成员都完全理性、完全道德，社会也不能在无政府的状态下正常运作，因为社会需要客观法律和解决人与人的诚实纠纷的仲裁者，建立政府是有必要的。

（1963年12月）

自愿政府筹资

安·兰德

在一个健全和完善的社会支付下，政府筹资的适当方法是什么？

这个问题通常会与以下客观主义原则联系在一起：政府不能率先使用暴力，只能在对率先使用暴力者进行报复时使用暴力。鉴于征税确实是一种率先使用强制手段的行为，那么，有人会问，政府要如何筹措其正常运作所需的资金？

在一个完全自由的社会里，纳税——确切地说，为政府服务付费——应该是自愿的。因为政府的适当服务——警察、军队和法庭——是公民个人所明确需要的并直接影响他们的利益，市民会（也应该）自愿为这种服务付费，就像他们花钱购买保险一样。

如何落实自愿政府筹资原则——如何决定将其运用于现实的最佳方法——是一个非常复杂的问题，属于法律哲学领域。政治哲学的任务是确立原则的本质并证明其是可行的。现在谈具体实施方法的选择为时尚早，因为该原则只有在完全自由的社会中才可行。在这样的社会中，政府受到宪法的限制，只承担正当基本的职能。

自愿政府筹资有很多种可能的方法。一些欧洲国家采用的政府彩票就是一种。还有很多其他的方法。

如以下这种可能的方式（仅是一个例子）。只有政府才能够提供的，人类最需要的服务之一是保护公民之间的合同协议。比如，只有向政府缴纳一笔费用——合同所涉及金额乘以一定的法定比例——合同才能得到政府的保护，被视为法律上有效的和可执行的。这样的保险不是强制性的，按照自己的意愿选择不缴纳的人——可以自由建立口头协议或签订没有政府保证的合同——也不会受到法律制裁。唯一的后果是，这样的协议或合同无法被依法强制执行；一旦一方违约，受害的一方无法在法庭上寻求补偿。

所有信用交易都是合同协议。信用交易指的是任何付款和获得商品或服务之间有时间差的交易。这包括复杂工业社会中绝大多数的经济交易。在巨大的信用交易网络中，只有很少一部分信用交易最终要闹上法庭。但是必须有法庭，整个网络才能存在，一旦失去法庭的保护，整个系统就会立刻崩溃。人们需要、使用、依赖这项政府服务，应该为之付费。然而，今天，这种服务是无偿提供的，实际上相当于一种补贴。

考虑一下信用交易所牵涉财富的巨大规模，我们就会发现个体仅需负担极低比例的金额就能支付政府保险的费用，比任何其他种类的保险都低很多，但这笔钱就已经足够支撑一个适当政府的其他一切职能。（如必要，战争期间可依法提高这个比例；还可以采取其他类似筹款方法满足清晰界定的战时需求。）

这里提到的"计划"只是这个问题的一种可能的解决方法，并不是最佳答案或者现在应该倡导的方案。该问题涉及的法律和技术困难是巨大的：如宪法中要有严格的条款防止政府规定私人合同的内容（这个问题如今存在，需要更加客观的界定），确定缴纳金额的数量要有客观的标准（或保障措施），不能任由政府随意裁量等。

人们会为了自己的合同得到保护而自愿支付保险费用。但不会愿意为了预防某国的进犯而自愿支付保险费。威斯康星州的胶合板制造商和他们的工人也不会愿意支付支持他国胶合板工业的保险费用，因为后者的发展会导致他们无法生存。

一个资源政府筹资方案足以支持正当政府的合法职能，但不足以为整个地球提供无条件的支持。这一点任何类型的税收都做不到——只有大国自我毁灭能做到，但效果也是暂时的。

管控、税收和"政府义务"的发展不是一夜间完成的，解放的过程也不可能一蹴而就。与奴役的过程相比，解放的过程应该短暂很多，因为现实是有力的支持。但是这仍旧是一个循序渐进的过程，政府筹资中任何自愿方案都必须被视为一个遥远的未来目标。

政府筹资的自愿原则基于以下前提条件：政府不是公民收入的所有者，因此，不能随意支配那些收入；宪法必须对适当政府的性质有所界定和限定，让政府无权随心所欲地扩大其服务范围。因此，政府筹资的自愿原则是将政府视为公民的服务者，而不是统治者，是凭借服务获取报酬的代理人，而不是无偿提供服务、只给予不索取的施益人。

最后提到的这种看法和强制纳税的概念是政府被视为无所不能的统治者的时代的遗留物。专制君王拥有其臣民的工作果实、收入、财产和生命，只能是没有报酬的"施益人"、守护者和利益分派者。这样的君王会认为因服务获取报酬是对其的侮辱，其思维倒退的精神后代（欧洲古代封建贵族的残余，现代福利国家主义者）也是如此。他们认为通过努力获取商业性收入是有失尊严的，道德上低于通过揩油、掠夺、慈善捐赠或政府暴力而获取的不劳而获的收入。

政府，无论是君王还是"民主"国会哪种形式，一旦被视为无偿服务的提供者，其扩大服务和无偿的范围（如今，这一过程被称为"经济中公共部门"的增长）最终变成且不得不变成压力集团斗争——经济集团之间的相互掠夺——的工具，只是时间问题。

在这个问题上，需要审视（挑战）的前提是公民应免费获得一切政府服务（包括正当的那些）的原始概念。为了充分实现将政府视为公民的服务者的理念，个体必须将政府视为有偿工作的服务者。然后，在此基础上，个体可以进而制定适当的方案，将政府收入和政府提供的服务直接挂钩。

从上述例子可以看出，这种自愿政府筹资的成本与个人经济活动的规模自动成正比：经济层次较低的（很少或从不进行信用交易的）基本上会被豁免——不过他们依然会受益于法律保护，如军队、警察和刑法法庭的保护。这些利益可被视为经济能力较强的人创造的，经济能力较弱的人享有的奖金——前者并不为后者做出任何牺牲。

经济能力较强的人为供养军队、为得到保护不受侵略伤害，支付费用是符合他们自己的利益的；一小部分人无法承担这种成本的事实并不会增加其付出。经济上，仅就战争成本而言，边缘群体相当于不存在。供养警察的成本也是如此：无论某犯罪行为的具体受害人是富有还是贫穷，经济能力较强的人为抓捕罪犯支付费用是符合其自身利益的。

要注意非贡献者获得的这种免费保护是一种间接利益，只是贡献者自身利益和付出产生的次要结果。这种红利不能被扩大到包括直接利益，也不是——像福利国家主义者那样——主张直接向非贡献者分发红利。

简而言之，区别如下：运营一条铁路线路的铁路公司允许穷人在有空位的情况下免费乘坐列车，与给穷人提供一等车厢和专属列车是完全不同的（原则也不同）。

任何种类的非牺牲性的援助，社会红利、无偿利益或人与人之间的价值馈赠，只可能存在于社会中，只要不涉及牺牲就是适当的。

（1964年2月）

天职是实现个人价值

纳撒尼尔·布兰登

对于每个生命体来说，生长是生存的必要条件。生命是动态的，是一个生物体为了继续存在必须进行自我维持行动的过程。这一原则在植物简单的能量转化和人类复杂的长期活动中同样显著。生物学上，停滞就是死亡。

不同生物可能的行为和发育的性质和范围也不同。植物的行为和发育的范围远小于动物，动物远小于人类。动物发育在生理成熟后停止，此后其成长仅由维持自身处于固定水平的必要行为组成；生理成熟后，动物的能力不会再有显著发展，也就是说，它无法显著提升其应对环境的能力。但生理成熟不是人类发育的终点，人类的成长能力几乎是无限的。理性思考的能力是人的显著特征。思想是人类的基本生存手段。人类能够思考、学习、发现更新更好的应对现实的方法，能够拓展其能力的范围，在思想上不断成长。这种能力是一扇通往无尽道路的大门。

人类生存靠的不是像动物一样适应物理环境，而是以创造性工作改造社会与自然环境。"如果遭遇干旱，动物会死亡，而人则建造灌溉水渠；如果遭遇洪水，动物会死亡，人则会修建堤坝。"[①]如果生命是自我维持的行为构成的过程，人类特有的行为和生存模式就是思考、创造、通过不断努力和发明接受生存的挑战。

人类发现如何生火保暖后，对思考和努力的需求没有终结；发现如何制作弓箭之后，对思考和努力的需求没有终结；发现如何用石头，然后是砖头，之后是玻璃和钢铁建造房屋之后，对思考和努力的需求没有终结；将预期寿命从十九年延长到三十年、四十年、六十年、七十年、八十年之后，对思考和努力的需求没有终结。人只要活着，人对思考和努力的需求就永不终结。

人类的每一项成就本身就是一种价值，但它也是通往更伟大成就和价值的垫脚石。生命是成长，不进则退；

---

① 引自安·兰德作品《致新知识分子》。

只有前进，生命才是生命。人类每向上走一步就能拥有更广阔的行动和成就空间，就需要行动和成就。没有终极的、永恒的"顶峰"。生存问题永不可能被一劳永逸地彻底"解决"，无须进一步进行思考或采取行动。更准确地说，生存问题要通过认识到生存需要不断成长和创造来解决。

另外，不断成长是人类的心理需求，是其保持良好精神状态的一个条件。保持良好的心理状态要求其坚定地相信自己可以掌握现实，掌控自己的存在——相信自己有能力生存。这不需要无所不知或无所不能，而是需要个体清楚自己应对现实的方法——其运作所遵循的原则——是正确的。消极被动与这种状态相悖。自尊不是一种一旦实现就会自动维持下去的价值。和其他任何人类价值，包括生命本身一样，自尊必须通过行动才能维持。个体只有不断成长，坚持提升自己的能力，才能维持自尊——相信自己有生存能力的基本信念。生命体的本性容不下静止：一旦停止成长，身体和内心就都会开始崩溃。

请以此为背景观察一下很多人年仅三十岁就已经垂垂老矣的普遍现象。这些人实际上认为自己已经"思考得够多了"，一味吃过去努力的老本，他们不知道自己的热情和能量都到哪里去了，不知道自己为何恍惚而焦虑，自己的存在为何如此凄凉而贫乏，为何感到自己正在陷入某种无名的深渊。他们没有意识到自己抛弃了思考的意志，也就抛弃了生存的意志。

人类对成长的需求——以及他因此需要的让成长成为可能的社会或生存条件——在评判或评价任何政治经济制度时都是应该考虑的重要事实。其实，个体应该关心：给定的政治经济制度是支持生命还是反生命，是有利于还是不利于人类生存的需求？

渴望"田园式"生活的人提出的众多论据中，有一种学说，如果转化为直白的语言，就是——停滞是神圣权利。

以下实践可以阐明这种学说。一次，我在飞机上和一位工会管理人员交谈。他开始斥责"自动化"带来的灾难，声称新机器将导致越来越多的工人永久失业，并表示"对此人们应有所行动"。我回答，这是一种已经被多次驳倒的错误看法；新机器的引入必然引发对劳动力需求的增加和普遍生活水平的提高；理论上和历史上这都是可证明的。我提出相对于非技术工人，自动化增加了对技术工人的需求，无疑很多工人需要学习新的技能。"但是，"他愤怒地问道，"不想学习新技能的工人怎么办呢？他们为什么要面对这些困难？"

这意味着，为了认为自己已经"思考得够多了""学习得够多了"，不愿关心未来，也不想考虑自己依靠什么维持工作的棘手问题的人，具有创造能力的人的雄心、远见、对不断提升自我的渴望和生命力要被扼杀和压制。

个体如果孤身一人在孤岛上，全权为自己的生存负责，他就不可能允许自己相信不用关心明天、可以安全地依靠过去的知识和技能生存、自然会为他提供"安全保障"的幻觉。只有社会——一个人不作为的负担能够被转嫁到另一个有所作为的人头上——才容得下这样的幻想（在这种情况下，利他主义伦理就变得不可或缺，认可了这样的寄生现象）。

做同样的工作的人不论表现或产出上的区别都应该获得同样的收入的主张是为了能力较弱的员工惩罚能力强的员工——这就是停滞是神圣权利的学说。

以资历而不是成绩为依据决定是否继续聘用或提拔员工，这样"在职的"平庸者就会比有才能的新人更受青睐，从而阻碍新人和其潜在雇主的前途——这就是停滞是神圣权利的学说。

雇主被迫与有权随意拒绝申请人加入的工会打交道。这样的组织会导致从事某种工作的机会由父亲传给儿子，新人无法进入行业威胁既得利益者，从而阻碍整个领域的进步。比如，中世纪的同行公会系统——这就是停滞是神圣权利的学说。

个人应该留在已经没有存在必要的岗位上，从事无用或多余的工作，以免他们经历为新工作重新接受培训的苦难，从而导致就像铁路行业一样，整个行业几近毁灭——这就是停滞是神圣权利的学说。

法庭根据反垄断法律裁决一家成功的商业机构对其专利不享有权利，而是必须将其专利无偿提供给没钱支付专利费的竞争对手（通用电气案［General Electric Case］，1948）——这就是停滞是神圣权利的学说。

根据这样的法庭判决，商业机构的远见、对未来需求的预估和为满足未来需求扩大产能并因此可能"阻碍"未来竞争（美国铝业公司案［ALCOA Case］，1945）的行为被判为犯罪并被遏止。这是对发展进行法律制裁，是因机

构有能力而对其进行惩罚，是停滞是神圣权利学说赤裸裸
的核心和目标。

（1963年8月）

摒弃不劳而获

安·兰德

种族主义是集体主义最低级的、最原始的形式。这是将个人的道德、社会或政治地位与个人的基因血统联系在一起——认为个人的思想和性格特征是由其体内的化学物质产生和传递的。也就是说，一个人被评判的依据不是他的品性和行为，而是其祖先群体的品性和行为。

　　种族主义声称个人思想的内容（不是其认知工具，而是内容）是遗传的；个人的信念、价值和性格在他出生之前就由他无法控制的生理因素决定了。这是野蛮人针对天生观念或继承知识的学说——已经被哲学和科学彻底驳斥。种族主义是一种以暴力为手段，为暴力而存在的学说；是农耕或畜牧版的集体主义，只适用于区分不同品种的动物，却不区分动物和人的思维。

　　像每一种形式的决定论一样，种族主义否定了让人类有别于其他所有生物的特性：人类的理性能力。种族主义忽略了人类生活的两方面——理性和选择，或思想和道德，并用生理上的宿命论取而代之。

名门望族为了"保护家族名声"（好像一个人的道德声望会被另一个人的行为所影响）支持毫无价值的亲戚，遮掩他们犯下的罪行；乞丐吹嘘自己的曾祖父是建国功臣，小镇上的老姑娘炫耀自己的舅公是州参议员，自己的表亲曾在卡内基音乐厅开过音乐会（好像一个人的成就可以抹去另一人的平庸）；女孩父母为了评估未来的女婿查他的家谱；名人以详细的家族历史开始自己的传记——这些都是种族主义的样本和落后的体现。史前部落战争的大规模冲突就是这种学说的极致表现。

将"好血统"或"坏血统"视为道德思想的评判标准的理论在现实中只会引发血雨腥风。暴力是将自己视为无脑的化学成分的集合的人唯一的行动途径。

现代种族主义者试图用某种族的部分成员在历史上的所作所为证明该种族的优越或劣等。历史上不乏这样的怪事，一生中曾被同胞嘲笑、批评、阻挠和破坏的革新者去世几年之后被镌刻在国家纪念碑上。同样令人作呕的是种族主义者犯下的集体主义剥夺。

就像集体或种族思想不存在一样，集体或种族成就也不存在，只存在个人思想和个人成就——文化不是无差别集体的不记名产物，而是个体思想成就的集合。

即便能够证明——事实上不能——某个种族，相较于其他种族，脑力较强的成员更多，这也与任何一个个人无关，不应该影响我们对其的评价。天才就是天才，无论他隶属的种族中有几个白痴；白痴就是白痴，无论其隶属的种族出了多少天才。南方的种族主义者们宣称，黑人男孩应该被视为低人一等，因为他们的种族曾经"制造出"一些暴徒；德国的暴徒宣称自己高人一等，因为他们的种族曾经"制造出"歌德、席勒和勃拉姆斯：这两种说法的不公正都令人无法容忍。

当然，这不是两种不同的主张，而是对相同原则的两次运用。一个人声称某个种族是高等的或劣等的是无关紧要的，种族主义只有一个心理根源：种族主义者对自己的自卑感。

和其他形式的集体主义一样，种族主义是对不劳而获的追求；是追求自动知识，试图逃避运用理性或伦理评判的责任，不假思索地对人的品性进行评价，尤其还是追求不劳而获的自尊（或伪自尊）。

将个体的美德与其种族出身联系在一起，就是承认个体对获得美德的过程一无所知，多数时候就是承认个体没有获得美德。绝大多数种族主义者都未能通过努力获得任何个人身份感，没有个人成就或卓越事迹，通过断言其他部落低劣，以此来寻求"部落自尊"的错觉。

个人主义将人——每个人——视为独立自主的个体。该个体对自己的生命拥有不可剥夺的权利，这种权利来自其作为理性的人的本性。个人主义认为：文明社会，或者说任何形式的结社、合作或人与人的和平共存只能在认可个人权利的基础上实现——这样的群体除了其成员个人权利之外，没有其他权利。

在自由市场中，个人的祖先、亲戚、基因或身体化学成分都不重要，唯一重要的是个人的一种特质：他的创造能力。

在"混合经济"①中，种族主义的增长与政府控制的发

----

① 是一种经济体制。它结合了公有制和私有制的特征，既包含市场经济的自由行业，也包括政府对经济的调节和干预。——编者著

展是同步的。"混合经济"将一个国家瓦解成制度化的压力集团内战，每一个压力集团都在为争夺立法上的利益和特权互相残杀。

这些压力集团和他们的政治游说团体的存在得到了公开和无奈的承认。任何政治哲学、原则、理想或长期目标存在的假象很快难以为继。

在没有合乎逻辑的政治哲学的情况下，每个经济集团都在充当自己的毁灭者，为某种一时的特权出卖自己的未来。在这方面，一段时间以来，商人们的政策是最具自我毁灭性的。不过，这已经被当今黑人领袖的政策所超越。

只要黑人领袖在反抗政府强加的歧视，权利、正义和伦理就都站在他们这一边。但是这已经不是他们斗争的目标了。与种族主义相关的困惑和矛盾现已达到令人难以置信的高点。

是时候明确相关原则了。

南方种族主义者声称的"州权"是一个自相矛盾的说法：一部分人侵犯另一部分人的权利的"权利"是不存在的。宪法中"州权"的概念指的是地方和国家权力机关之间权力的划分，作用是保护州不受联邦政府的影响；并不赋予州政府对其公民无限的、任意的权利，也没有赋予州政府废除公民个人权利的特权。

联邦政府确实曾利用种族问题扩大自己的权利，以一种不必要和违宪的方式开了侵犯州合法权利的先例。但这只意味着联邦和州政府都错了，并不能为南方种族主义者的政策开脱。

在这种情况下，最糟糕的矛盾之一是众多所谓的"保守派"（不仅限于南方）的立场，他们声称自己是自由主义、财产权和宪法的捍卫者，却同时拥护种族主义。他们对原则的关注似乎十分有限，没有意识到自己在自掘坟墓。否认个人权利的人不能主张、捍卫或拥护任何权利。

"自由派"也同样自相矛盾，不过是以另外一种形式。他们支持为无底线的少数服从多数牺牲一切个人权利，却伪装成少数群体权利的捍卫者。但世上最小的少数群体就是个人。否定个人权利者不能声称自己是少数群体的守护者。

自相矛盾的、目光短浅的实用主义，对原则的质疑和轻视，骇人的非理性不断积累，如今在黑人领袖的要求中达到了新高度。

他们不但不反对种族歧视，反而要求种族歧视被合法化和强制执行；不但不反对种族歧视，反而要求制定种族配额；不但不在社会和经济问题上争取"种族平等"，反而宣称"种族平等"是邪恶的，"肤色"应该被视为首要考虑因素；不但不争取平等权利，反而要求种族特权。

他们要求在就业上规定种族配额，并要求按照某个种族在当地人口中的比例分配工作机会。比如，鉴于黑人占纽约城总人口的25%，他们就要求在某个机构中要有25%的员工是黑人。

如今，要求建立种族配额的不是压迫者，而是被压迫的少数民族。

连"自由派"都无法接受这样的要求。很多人为之震怒，义正词严对其进行谴责。

《纽约时报》（1963年7月23日）写道："示威者正遵循着真正恶毒的原则玩'数字游戏'。他们要求黑人（或任何其他种族）获得25%（或任何其他百分比）的工作机会的要求是错误的，基本原因是：这是在倡导'配额制度'的建立，而这种制度本身就是带有歧视色彩的。……

本报长期以来一直为了消除法官职位方面的宗教配额而斗争；我们同样反对按照种族配额制分配任何级别的工作机会。"

好像这种要求所包含的公然的种族主义还不够，有些黑人领袖在歧途上越走越远。国家城市联盟①的执行主任小惠特尼·M. 扬（Whitney M. Young Jr.）做出如下声明（《纽约时报》，8月1日）：

> 白人领导层必须诚实地承认，在美国历史上，一直存在一个得到优待的特权公民阶级，也就是白人阶级。现在我们要说：如果一个白人和一个黑人各方面条件相当，他们竞争同一份工作时，请雇用黑人。

请考虑这种论调可能造成的影响。它不仅要求基于种族给予部分人特权，还要求白人为其祖先的罪行受罚。要求一名白人工人因为其祖父可能有种族歧视的行为而失去工作机会，但他的祖父可能并没有种族歧视的行为；或

---

① 国家城市联盟是一个无党派民权组织，代表非裔美国人反对美国的种族歧视。——译者注

者他的祖父甚至可能根本没有在美国生活过。不会有人深究这些问题，这也就意味着白人工人要被控集体种族罪。这种罪的唯一罪魁祸首就是他的肤色。

但是，最糟糕的南方种族主义者就是依据这个原则，当一名黑人犯罪的时候，就以集体主义种族罪行指控所有黑人，并以其祖先是野蛮人为理由将黑人视为低人一等的种族。

面对这样的要求，唯一适合的回答是："依据什么权利？根据什么规范？以什么为标准？"

如此荒谬的政策在破坏黑人斗争的道德基础。他们的主张建立在个人权利的原则上。如果他们要求侵犯他人的权利，他们就否定并放弃了自己的权利。适用于南方种族主义者的答案也适用于他们：让一部分人侵犯另一部分人的权利的"权利"不存在。

然而黑人领袖的整体政策正在朝这个方向移动。比如，要求在学校中实施种族配额制度，如此一来大量的学生，无论黑人白人，为了"种族平衡"的目的，都要被迫去遥远的社区上学。再次强调，这是赤裸裸的种族主义。正如这种要求的反对者所指出的，无论是以种族隔离还是以种族融合为目的，根据种族将孩子分配到不同的学校都是邪恶的。仅仅是把孩子作为政治游戏中的棋子的想法就应该让所有父母，无论来自什么种族、有什么信仰、是什么肤色，感到愤怒。

国会正在审议的"民权"法案是另一个严重侵害个人权利的例子。在所有公立的设施和机构中禁止种族歧视是合理的：政府无权歧视任何公民。根据同样的原则，政府也无权为一部分公民而歧视另一部分公民，牺牲后者的权利。

没有人，无论黑人还是白人，有权处置他人的财产。拒绝与某人打交道并不是对其权利的侵犯。种族主义是邪恶的、非理性的、道德上可鄙的学说——但法律不能禁止或指定学说。我们必须保护种族主义者使用和处置自己的财产的权利。私人的种族主义不是法律，而是道德问题。

最需要个人权利得到保护的群体如今成了破坏这些权力的先锋，这种现象是对我们的时代的哲学失智以及其造成的自杀倾向的讽刺展示。

请警觉：不要屈服于种族主义，从而成为同样的种族主义者的受害者；不要因部分黑人领袖的不理智迁怒所有黑人。如今没有一个群体在思想上有合格的领袖，或能够得到适当的代表。

最后，我要引用8月4日《纽约时报》这篇令人震惊的社论——说令人震惊是因为这样的看法在我们的时代并不算典型：

> 但问题不是一个可以用肤色、特征或文化区分出的群体是否拥有群体权利。不，问题是任何个人，无论肤色、特征或文化，是否被剥夺了其作为人所拥有的权利。如果个人拥有法律和宪法赋予其的所有权利和特权，我们就不用担心群体和大众——事实上，它们是不存在的，只是一种修辞而已。

（1963年9月）

思想上的自主为最高价值

纳撒尼尔·布兰登

个人主义理论是客观主义哲学的核心组成部分。个人主义曾是一个政治伦理学概念和一个心理伦理学概念。作为政治伦理学概念，个人主义坚持个人权利至上的原则，即人本身就是目的、不是他人达到目的的手段的原则。作为心理伦理学概念，个人主义认为人应该独立思考和判断，以思想上的自主为最高价值。

　　正如安·兰德在《阿特拉斯耸耸肩》中展现的，个人主义的哲学基础和验证正是个人主义在伦理上、政治上和心理上都是个人适当生存——人作为人、人作为理性个体生存——的客观要求。个人主义是将人的生命视为价值标准的伦理规范的隐含内容和必然要求。

　　倡导个人主义并不是一个新现象，真正有新意的是用客观主义对个人主义理论进行验证和对实践个人主义的稳定方法的定义。

个人主义的伦理政治内涵常被理解为：不顾他人利益，随心所欲地行事。尼采和马克斯·施蒂纳（Max Stirner）[①]之类的作家的文字常被用来支持这种解读。利他主义者和集体主义者显然能够通过说服人们这就是个人主义的内涵——拒绝被牺牲的人有意牺牲他人——而获益。

对个人主义的这种解读的矛盾之处和对其的反驳是：鉴于个人主义作为伦理原则的理性基础是人作为人的生存的需求，个人不能主张侵犯他人权利的权利。如果其否定他人不受侵犯的权利，他就不能为自己争取到这种权利；他已经否定了权利的基础。没有人可以主张矛盾的道德权利。

个人主义不仅仅是对个人为集体而活的观点的否定。渴望通过自己的思想和努力逃避维持自己的生命的责任的人，希望通过征服、统治和剥削他人生存的人，不是个人主义者。个人主义者是为自己而活，凭借自己的思想而活

[①] 马克斯·施蒂纳（1806—1856），德国反国家主义哲学家，有观点认为其思想为 20 世纪存在主义的根源。——译者注

的人；他既不为他人牺牲自己，也不为自己牺牲他人；与人打交道时，他是交易者，不是掠夺者；是创造者，不是阿提拉①。

利他主义者和集体主义者希望人们失去对这种区别的认知：交易者和掠夺者的区别，创造者和阿提拉之间的区别。

如果说个人主义在政治道德方面的内涵主要是被其公然的反对者所扭曲和贬低，其在伦理心理方面的内涵则主要是被其公开的支持者扭曲和贬低了。这些人想要消除独立判断和主观冲动的区别。这些所谓的"个人主义者"将个人主义等同于"独立感觉"而不是独立思想。"独立感觉"是不存在的，只有独立的头脑。

个体首先是理性的人。他的生命依赖他的思考能力、他的理智。理性是独立和自立的前提。一个不独立而不自立的"个人主义者"是自相矛盾的；个人主义和独立在逻辑上是分不开的。个人最基本的独立是忠于自己的思想；是他对现实事实的感知，他的理解，他的判断，是拒绝屈

---

① 匈奴帝国国王，野蛮征服者的代名词。——编者注

服于他人未经证实的断言。这是独立思想的内涵，是个人主义的核心。个人主义者冷静并坚定地以事实为中心。

人生存需要知识，只有通过理性才能获取知识；拒绝思考和理性的责任的人只能是他人思想的寄生虫。寄生虫不是个人主义者。不理性的人，认为知识和理性是对自由的"限制"的冲动崇拜者，感情用事的、只看眼前的享乐主义者，都不是个人主义者。不理性的人追寻的"独立"是"独立于现实"——就像陀思妥耶夫斯基《地下室手记》[①]中的男人所说："如果我出于某种原因根本不喜欢自然法则和二加二等于四的事实，我为什么要在意这些法则和算术？"

对于不理性的人来说，生存只是他的冲动和他人冲动的冲突，客观现实对他来说没有现实意义。

这样的叛逆和标新立异不构成个人主义的证据。个人主义不仅是拒绝集体主义，也不仅是拒绝服从。顺从主义者是宣称"别人说对就对"的人，但个人主义者不是宣称"我觉得对就对"的人。个人主义者会说："因为用理性

---

① 《地下室手记》（*Notes from Underground*）是陀思妥耶夫斯基最著名的小说之一，被认为是俄罗斯最早的存在主义作品之一。小说是一个不知名的叙述者的杂乱的回忆录。——译者注

判断这是正确的，所以我相信它。"

《源泉》（*The Fountainhead*）[①]中的一个事件在此值得一提。在关于集体主义者埃尔斯沃斯·图希（Ellsworth Toohey）的生平和事业的章节中，安·兰德这样描述他组织的多个作家和艺术家团体：有"一个在自己的书中从来不用大写字母的女人，一个从来不用逗号的男人……还有一个人的诗作不押韵也不符合格律……有一个男孩不用画布，用鸟笼和节拍器创作……几位朋友向埃尔斯沃斯·图希指出他似乎自相矛盾：他们说，他强烈反对个人主义，但他的这些作家和艺术家朋友个个都是极端的个人主义者。'你真的这么认为吗？'图希带着平静的微笑问道"[②]。

图希清楚——客观主义的学生也应该意识到——这样的主观主义者，在他们反抗"现实的暴政"时，是寄生虫，在独立方面还比不上他们声称厌恶的任何最普通的巴比特式人物[③]。他们什么也没有发起或创造；他们非常无

① 《源泉》是安·兰德1943年的一部小说，小说的主人公是一名具有个人主义精神的年轻建筑师，其奋斗体现了兰德认为个人主义高于集体主义的信念。——译者注
② 安·兰德：《源泉》，印第安纳波利斯和纽约：鲍勃斯·美林公司；纽约：新美国图书馆，1952。
③ 满足于一套狭隘的价值观、只关心财富和赚钱的人。——译者注

私——通过他们认可的唯一的"我行我素"的方式填补自尊的空虚：他们为反抗而反抗，为不理性而不理性，为破坏而破坏，为冲动而冲动。

精神病患者几乎总是不服从的，但精神病患者和主观主义者都不是个人主义的拥护者。请注意，试图在伦理政治方面和伦理心理方面破坏个人主义的内涵的企图有一个共同点：企图将个人主义与理性割裂开来。

但只有承认理性和人作为理性个体的需求，个人主义的原则才能站得住脚。一旦脱离这一背景，任何对"个人主义"的拥护都会变得和对集体主义的拥护一样武断和不理性。

以此为基础，客观主义完全反对任何试图将个人主义等同于主观主义的所谓的"个人主义者"。严厉批判任何允许自己相信客观主义和冒牌的个人主义——宣称"我觉得对所以就是对的""我想要所以就是好的""我相信所以就是真的"——之间能够妥协，存在交汇点，和有可能和解的，自封的"客观主义者"。

（1962年4月）

| 第 | 十 | 八 | 章 |

背离自私的意愿

安·兰德

有一种论证，不是论证，而是一种遏止辩论、未经讨论就强迫对手同意自己观点的手段，是通过施加心理压力绕开逻辑的手段。鉴于其在如今的文化大环境中十分盛行，在未来的几个月还会愈演愈烈，我们不妨学习如何分辨它、防范它。

这种手段与人身攻击的谬误有一定相似之处，与其来自相同的心理根源，但本质不同。人身攻击的谬误指的是试图通过责难对手的人格反驳其论点。比如，"甲候选人道德沦丧，因此他的论述是错误的"。

但心理压力手段指的是威胁用对手的论述责难对手的人格，由此不经辩论反驳对手的论点。比如，"只有道德沦丧者看不出甲候选人的论述是错误的"。

在前一种情况中，甲候选人的不道德（无论是真是假）被用作证明其论述错误的证据。在后一种情况中，其论述是错误的这一点被武断地判定了，并被用来证明其道德沦丧。在如今的认识论丛林中，第二种方法被使用的频率超过了任何其他的非理性论证。它应被归类为一种逻辑谬误，并可被命名为"恐吓式论证"。

恐吓式论证的基本特征是其旨在引起道德自我怀疑并依赖于受害者的恐惧、愧疚和无知。它被用作一种最后通牒，要求受害者在受到可能被视为道德沦丧的威胁的情况下，不经讨论就放弃某个想法。模式总是："只有邪恶（不诚实、残酷、冷漠、无知等）的人会持这种观点。""恐吓式论证"的经典案例就是《皇帝的新装》的故事。

在那个故事中，两个骗子将不存在的衣服卖给了皇帝，他们声称内心道德沦丧者看不到这些拥有不同寻常的美的衣服。请注意让这种骗术行得通所需的心理因素：骗子靠的是皇帝的自我怀疑；皇帝没有怀疑他们的说辞和道德权威；他立刻就屈服了，声称自己能看见衣服，因此否定了自己的眼睛看到的证据，否定了自己的感知——而不愿直面其脆弱的自尊所受到的威胁。他宁愿赤裸着身体在街上走，向他的臣民展示不存在的衣服，也不愿冒险遭受两个无赖的道德谴责，与现实脱节的程度可见一斑。街上的人们在同样的心理恐慌的驱动下，争先恐后地大声赞美皇帝新衣的华美——直到一个孩子大喊皇帝没穿衣服。

这正是恐吓式论证的运作模式，这种手段如今就是这样在我们身边被运用的。

我们都听到过并常常听到这些说法："只有那些不具备好的本性的人无法接受利他主义伦理。""只有无知的人才不知道理性已经被否定。""只有疯狂的边缘群体才会仍然相信自由。""只有懦夫才不知道人生就像一条臭水沟。""只有肤浅者追逐美、幸福、成就、价值或英雄。"

现代艺术就是一个整个领域都建立在恐吓式论证的基础上的例子——为了证明他们真的拥有神秘的"精英"才拥有的特别洞察力，人们争先恐后地大声赞叹一块几乎空白（但沾上了一点污痕）的画布有多么精妙。

恐吓式论证以两种形式支配今天的辩论。在公开演讲和印刷品中，它以冗长的、复杂的、语意不清的长篇大论的形式盛行，除了道德威胁什么都不清楚传达。（"只有头脑简单的人才会不知道清晰是过度简化的概念。")
但是在私下的日常生活中，它是无须语言、隐藏在字里
行间的存在，是含糊不清的声音中传达的隐晦的暗示。它
取决于如何说，而不是说什么——取决于语气，而不是
内容。

一般是轻蔑或难以置信的挑衅语气。

这一切还会配上扬起的眉毛、瞪大的眼睛、耸肩、哼
哼声、窃笑等一系列传达阴阳怪气的暗讽和不赞同的情绪
的非语言信号。

如果这种情感暗示失败了，如果有人挑战这些辩论选
手，他就会发现这种人没有论点，没有论据，没有证据，
没有理性，没有立论之基——他们的咄咄逼人是为了隐藏
论点的空虚——恐吓式论证是对思想无能的承认。

这种争论方式的原型是显而易见的（其为何对如今的
新神秘主义者具有吸引力也很明显）："对于那些能理解
的人，自然不需要解释；对于不能理解的人，解释了也没
有用。"

这种争论方式的心理源头是社会形而上学。[1]

形而上学者认为他人的意识高于自己的意识和现实事实。对于形而上学者来说，他人对自己的道德评价是高于真理、事实、理性和逻辑的首要问题。他人的不认可对他来说可怕至极，他的意识全然无法抵挡这种冲击；因此他会为了任何无赖的道德认可否定自己双眼看到的证据，否定自己的意识。形而上学者希望通过暗示"但人们会不喜欢你！"来赢得思想争论，只有他们才会有这种荒谬的想法。

严格意义上说，形而上学者的观点不是有意识地形成的：他通过反省"本能地"构建观点，因为这代表他心理认知方面的生活方式。我们都遇见过一种令人恼怒的人，他不听别人说了什么，而是留意别人口气所传达的情感暗示，焦急地将其翻译成赞同或不赞同，然后给出相应的回应。这是一种主动屈服于恐吓式论证的行为，社会形而上学者与人交往时常常这么做。因此一遇到观点不同者，一旦前提受到挑战，他就会自动求助于自己最害怕的武器：

---

[1] 纳撒尼尔·布兰登：《社会形而上学》（"Social Metaphysics"），《客观主义通讯》，1962 年 11 月。

推翻道德许可。

鉴于这种恐惧对于心理健康的人来说是未知的，他们可能恰恰因为缺乏经验而成为恐吓式论证的受害者。心理健康的人无法理解这种争论方式的动机，不能相信它仅仅是毫无意义的虚张声势。他们默认这些看起来自信、咄咄逼人的主张背后有某种知识或逻辑；他们尽量把对方往好处想，然后处于一种难以改变的迷茫状态。因此年轻、纯真、认真的人可能会成为社会形而上学者的受害者。

这种现象在大学教室里尤其普遍。很多教授为了逃避他们无法回答的问题，打击对他们的随意假设的任何批判分析或任何偏离学界现状的思想，用恐吓式论证扼杀了学生的独立思考能力。

"亚里士多德？我亲爱的伙计。"（十分疲惫地叹了口气）"如果你读了斯皮金教授的文章，"（崇敬的口气）"1912年1月《思想》杂志上刊登的那篇，"（转轻蔑口气）"你显然没读，读了你就会知道……"（转闲适语气）"亚里士多德的理论已经被驳回了。"

"甲教授？"（甲指代的是一位著名自由企业经济理论家）"你是在引用甲教授的话吗？不，不会吧！"再加上一声讥刺的笑声，以表达甲教授早就不再权威了。（谁否定了他的权威？没有回应。）

这样的老师常常得到"自由派"小团体的帮助，他们会在适当的时候爆发出笑声。

在我们的政治生活中，"恐吓式论证"几乎是唯一的讨论方式。如今的政治辩论全是抹黑和道歉，恐吓和安抚。前者主要（但不仅仅）被"自由派"所运用，后者则是"保守派"的主要手段。"自由派"共和党人是这方面的冠军：他们用前者对付共和党内"保守的"同人，用后者对付民主党人。

一切抹黑都是恐吓式论证：包括利用听众的道德懦弱或不假思索的轻信，用毫无依据或证据的贬低性结论替代依据或证据。

恐吓式论证并不是新出现的；所有时代所有文化中都有这种现象，但都没有今天这么普遍。和其他领域相比，其在政治上的运用是比较粗放的，但这种现象并不局限于政治领域。它弥漫在我们的整个文化中，是文化破产的一种症状。

我们如何驳斥这种论证？只有一种武器：道德坚定。

加入或大或小，公开的或私下的思想辩论时，个体不应寻求、渴望或期待对手的认可。必须以正确和错误为唯一要务和唯一的判断标准——而不是他人的赞同或不赞同，尤其不应追寻标准与其自身信仰完全相悖的那些人的认同。

我要强调，恐吓式论证不是指将伦理判断引入思想问题，而是用伦理判断替换思想论证。道德评估是思想问题暗含的一部分；在适当的时候和情况下进行道德判断不仅是允许的，而且是必需的；打压这种判断是一种道德懦弱的行为。但必须先阐释道德判断基于的理由，再进行道德判断，而不是先判断（或用判断取代理由）。

个体阐述自己判断的理由就相当于为自己的判断承担责任，愿意接受客观的评价：如果个体的理由是错误的或虚假的，个体就要为其承担后果。但抛开理由直接谴责是不负责任的行为，是一种道德上的"肇事逃逸"，是恐吓式论证的核心。

请注意，运用恐吓式论证的人最害怕的就是理性的道德抨击。这样的人一旦遇到道德自信的对手，就会大声疾呼要求将"道德思辨"排除在思想辩论之外。但是用一种暗示中立的方式谈论邪恶就是默许邪恶。

恐吓式论证验证了坚守自己的前提和道德底线为何重要。验证了没有一套完整的、清晰的、一致的信念——由下至上完整统一的信仰体系——的人可能遭遇的思想陷阱。他们不顾一切地冲进战场，只有一些零星的想法，散落在未知的，无法识别的，未经证明的，仅仅建立于其感觉、希望和恐惧之上的迷雾之中。恐吓式论证是他们的克星。在道德和思想问题上，光是正确还不够：个人必须知道自己是正确的。

（1964年7月）

图书在版编目（CIP）数据

自私的德性 /（美）安·兰德著 ; 邵逸译 . -- 北京：
国文出版社有限责任公司 , 2024.（2025.10 重印）-- ISBN
978-7-5125-1650-2

Ⅰ . B83-53

中国国家版本馆 CIP 数据核字第 2024UK2604 号

北京版权局著作权著作权合同登记　图字 01-2024-4417 号

自私的德性

作　　者	[美]安·兰德
译　　者	邵　逸
责任编辑	戴　婕
责任校对	姜晴川
出版发行	国文出版社
经　　销	全国新华书店
印　　刷	河北鹏润印刷有限公司
开　　本	787 毫米 ×1092 毫米　　32 开
	7.625 印张　　120 千字
版　　次	2024 年 11 月第 1 版
	2025 年 10 月第 2 次印刷
书　　号	ISBN 978-7-5125-1650-2
定　　价	58.00 元

国文出版社
北京市朝阳区东土城路乙 9 号　　邮编：100013
总编室：（010）64270995　　传真：（010）64270995
销售热线：（010）64271187
传真：（010）64271187-800
E-mail：icpc@95777.sina.net